隨園食單

20項烹飪須知×14條飲食戒單，
芟每洋到菜酉，暢談南北傳統佳餚

（清）袁枚——著

彭劍斌——譯注

🍃「海參觸鼻而魚翅跳盤」，食材處理不當當心在飯桌鬧笑話！

🍃 蒜泥白肉怎麼切才美味可口，才到做到每一片肥瘦相間？

🍃 習慣每道菜都要淋上豬油？你只是在破壞食物的原汁原味！

🍃 不管什麼通通丟下去煮，冬日必備的火鍋太過「簡單粗暴」？

你以為袁枚只懂賦詩寫文，人家可是超級講究的美食大咖；
刀工、控火、計時、調味無一不精，

擺好碗筷，饗宴正式揭幕！

目錄

須知單

先天須知 …………… 024

佐料須知 …………… 024

洗刷須知 …………… 025

調劑須知 …………… 026

配搭須知 …………… 026

獨用須知 …………… 027

火候須知 …………… 027

色臭須知 …………… 028

遲速須知 …………… 029

變換須知 …………… 029

器具須知 …………… 030

上菜須知 …………… 030

時節須知 …………… 031

多寡須知 …………… 031

潔淨須知 …………… 032

用纖須知 …………… 032

選用須知 …………… 033

疑似須知 …………… 033

補救須知 …………… 033

本分須知 …………… 034

戒單

戒外加油 …………… 036

戒同鍋熟 …………… 036

戒耳餐 …………… 036

戒目食 …………… 037

戒穿鑿 …………… 037

戒停頓 …………… 038

戒暴殄 …………… 039

戒縱酒 …………… 039

戒火鍋 …………… 040

戒強讓 …………… 040

戒走油 …………… 041

戒落套 …………… 042

戒混濁 …………… 042

戒苟且 …………… 043

海鮮單

燕窩 …………… 046

海參三法 …………… 047

魚翅二法 …………… 047

鰒魚 …………… 048

淡菜 …………… 048

海蝘 …………… 048

烏魚蛋 …………… 049

江瑤柱 …………… 049

蠣黃 …………… 049

江鮮單

刀魚二法 …………… 052

鰣魚 …………… 052

鱘魚 …………… 052

黃魚 …………… 053

斑魚 …………… 053

假蟹 …………… 054

特牲單

豬頭二法 …………… 056

豬蹄四法 …………… 056

豬爪、豬筋 …………… 057

豬肚二法 …………… 057

豬肺二法 …………… 057

豬腰 …………… 058

豬里肉 …………… 058

白片肉 …………… 059

紅煨肉三法 …………… 059

白煨肉 …………… 060

油灼肉 …………… 060

乾鍋蒸肉 …………… 060

蓋碗裝肉 …………… 061

磁罈裝肉 …………… 061

脫沙肉 …………… 061

晒乾肉 …………… 061

火腿煨肉 …………… 061

台鯗煨肉 …………… 062

粉蒸肉 …………… 062

燻煨肉 ⋯⋯⋯⋯⋯ 062

芙蓉肉 ⋯⋯⋯⋯⋯ 063

荔枝肉 ⋯⋯⋯⋯⋯ 063

八寶肉 ⋯⋯⋯⋯⋯ 063

菜花頭煨肉 ⋯⋯⋯ 064

炒肉絲 ⋯⋯⋯⋯⋯ 064

炒肉片 ⋯⋯⋯⋯⋯ 064

八寶肉圓 ⋯⋯⋯⋯ 064

空心肉圓 ⋯⋯⋯⋯ 065

鍋燒肉 ⋯⋯⋯⋯⋯ 065

醬肉 ⋯⋯⋯⋯⋯⋯ 065

糟肉 ⋯⋯⋯⋯⋯⋯ 065

暴醃肉 ⋯⋯⋯⋯⋯ 065

尹文端公家風肉 ⋯ 066

家鄉肉 ⋯⋯⋯⋯⋯ 066

筍煨火肉 ⋯⋯⋯⋯ 066

燒小豬 ⋯⋯⋯⋯⋯ 067

燒豬肉 ⋯⋯⋯⋯⋯ 067

排骨 ⋯⋯⋯⋯⋯⋯ 067

羅蓑肉 ⋯⋯⋯⋯⋯ 068

端州三種肉 ⋯⋯⋯ 068

楊公圓 ⋯⋯⋯⋯⋯ 068

黃芽菜煨火腿 ⋯⋯ 068

蜜火腿 ⋯⋯⋯⋯⋯ 069

雜牲單

牛肉 ⋯⋯⋯⋯⋯⋯ 072

牛舌 ⋯⋯⋯⋯⋯⋯ 072

羊頭 ⋯⋯⋯⋯⋯⋯ 072

羊蹄 ⋯⋯⋯⋯⋯⋯ 072

羊羹 ⋯⋯⋯⋯⋯⋯ 073

羊肚羹 ⋯⋯⋯⋯⋯ 073

紅煨羊肉 ⋯⋯⋯⋯ 073

炒羊肉絲 ⋯⋯⋯⋯ 073

燒羊肉 ⋯⋯⋯⋯⋯ 073

全羊 ⋯⋯⋯⋯⋯⋯ 074

鹿肉 ⋯⋯⋯⋯⋯⋯ 074

鹿筋二法 ⋯⋯⋯⋯ 074

獐肉 ⋯⋯⋯⋯⋯⋯ 074

果子貍 ⋯⋯⋯⋯⋯ 075

假牛乳 ⋯⋯⋯⋯⋯ 075

鹿尾 ⋯⋯⋯⋯⋯⋯ 075

羽族單

白片雞 …………… 078

雞鬆 …………… 078

生炮雞 …………… 078

雞粥 …………… 079

焦雞 …………… 079

捶雞 …………… 079

炒雞片 …………… 080

蒸小雞 …………… 080

醬雞 …………… 080

雞丁 …………… 080

雞圓 …………… 080

蘑菇煨雞 …………… 081

梨炒雞 …………… 081

假野雞捲 …………… 081

黃芽菜炒雞 …………… 082

栗子炒雞 …………… 082

灼八塊 …………… 082

珍珠團 …………… 082

黃耆蒸雞治瘵 …………… 082

滷雞 …………… 083

蔣雞 …………… 083

唐雞 …………… 083

雞肝 …………… 084

雞血 …………… 084

雞絲 …………… 084

糟雞 …………… 084

雞腎 …………… 084

雞蛋 …………… 084

野雞五法 …………… 085

赤燉肉雞 …………… 085

蘑菇煨雞 …………… 086

鴿子 …………… 086

鴿蛋 …………… 086

野鴨 …………… 086

蒸鴨 …………… 086

鴨糊塗 …………… 087

滷鴨 …………… 087

鴨脯 …………… 087

燒鴨 …………… 087

掛滷鴨 …………… 087

乾蒸鴨 …………… 088

野鴨團 …………… 088

徐鴨 …………… 088

煨麻雀 …………… 089

煨鷦鶺、黃雀 …………… 089

雲林鵝 …………… 089

燒鵝 …………… 090

水族有鱗單

邊魚 …………… 092

鯽魚 …………… 092

白魚 …………… 093

季魚 …………… 093

土步魚 …………… 093

魚鬆 …………… 093

魚圓 …………… 094

魚片 …………… 094

鰱魚豆腐 …………… 094

醋摟魚 …………… 094

銀魚 …………… 095

台鯗 …………… 095

糟鯗 …………… 095

蝦子鱘鯗 …………… 095

魚脯 …………… 096

家常煎魚 …………… 096

黃姑魚 …………… 096

水族無鱗單

湯鰻 …………… 098

紅煨鰻 …………… 098

炸鰻 …………… 099

生炒甲魚 …………… 099

醬炒甲魚 …………… 099

帶骨甲魚 …………… 099

青鹽甲魚 …………… 100

湯煨甲魚 …………… 100

全殼甲魚 …………… 100

鱔絲羹 …………… 101

炒鱔 …………… 101

段鱔 …………… 101

蝦圓 …………… 101

蝦餅 …………… 101

醉蝦 …………… 102

炒蝦 …………… 102

蟹 …………… 102

蟹羹 …………… 102

炒蟹粉 …………… 103

剝殼蒸蟹 …………… 103

蛤蜊 …………… 103

蚶 …………… 103

車螯 …………… 104

程澤弓蟶乾 …………… 104

鮮蟶 …………… 104

水雞 …………… 104

燻蛋 …………… 105

茶葉蛋 …………… 105

雜素菜單

蔣侍郎豆腐 …………… 108

楊中丞豆腐 …………… 108

張愷豆腐 …………… 108

慶元豆腐 …………… 108

芙蓉豆腐 …………… 108

王太守八寶豆腐 …………… 109

程立萬豆腐 …………… 109

凍豆腐 …………… 110

蝦油豆腐 …………… 110

蓬蒿菜 …………… 110

蕨菜 …………… 110

葛仙米 …………… 111

羊肚菜 …………… 111

石髮 …………… 111

珍珠菜 …………… 111

素燒鵝 …………… 111

韭 …………… 112

芹 …………… 112

豆芽 …………… 112

茭白 …………… 112

青菜 …………… 113

薹菜 …………… 113

白菜 …………… 113

黃芽菜 …………… 113

瓢兒菜 …………… 113

菠菜 …………… 114

蘑菇 …………… 114

松菌 …………… 114

麵筋二法 …………… 114

茄二法 ……………… 115

莧羹 ……………………… 115

芋羹 ……………………… 115

豆腐皮 …………………… 116

扁豆 ……………………… 116

瓠子、王瓜 …………… 116

煨木耳、香蕈 ………… 116

冬瓜 ……………………… 117

煨鮮菱 …………………… 117

豇豆 ……………………… 117

煨三筍 …………………… 117

芋煨白菜 ………………… 117

香珠豆 …………………… 118

馬蘭 ……………………… 118

楊花菜 …………………… 118

問政筍絲 ………………… 118

炒雞腿蘑菇 ……………… 119

豬油煮蘿蔔 ……………… 119

小菜單

筍脯 ……………………… 122

天目筍 …………………… 122

玉蘭片 …………………… 122

素火腿 …………………… 122

宣城筍脯 ………………… 123

人蔘筍 …………………… 123

筍油 ……………………… 123

糟油 ……………………… 123

蝦油 ……………………… 123

喇虎醬 …………………… 124

燻魚子 …………………… 124

醃冬菜、黃芽菜 ……… 124

蒿苣 ……………………… 124

香乾菜 …………………… 124

冬芥 ……………………… 125

春芥 ……………………… 125

芥頭 ……………………… 125

芝麻菜 …………………… 125

腐干絲 …………………… 125

風癟菜 …………………… 126

糟菜 …………… 126

酸菜 …………… 126

薹菜心 …………… 126

大頭菜 …………… 126

蘿蔔 …………… 127

乳腐 …………… 127

醬炒三果 …………… 127

醬石花 …………… 127

石花糕 …………… 127

小松菌 …………… 128

吐蛈 …………… 128

海蜇 …………… 128

蝦子魚 …………… 128

醬薑 …………… 128

醬瓜 …………… 129

新蠶豆 …………… 129

醃蛋 …………… 129

混套 …………… 129

茭瓜脯 …………… 130

牛首腐干 …………… 130

醬王瓜 …………… 130

點心單

鰻麵 …………… 132

溫麵 …………… 132

鱔麵 …………… 132

裙帶麵 …………… 132

素麵 …………… 132

蓑衣餅 …………… 133

蝦餅 …………… 133

薄餅 …………… 133

鬆餅 …………… 134

麵老鼠 …………… 134

顛不棱 (即肉餃也) … 134

肉餛飩 …………… 134

韭合 …………… 134

糖餅 (又名麵衣) …… 135

燒餅 …………… 135

千層饅頭 …………… 135

麵茶 …………… 135

杏酪 …………… 136

粉衣 …………… 136

竹葉粽 …………… 136

蘿蔔湯圓 ⋯⋯⋯⋯ 136

水粉湯圓 ⋯⋯⋯⋯ 136

脂油糕 ⋯⋯⋯⋯ 137

雪花糕 ⋯⋯⋯⋯ 137

軟香糕 ⋯⋯⋯⋯ 137

百果糕 ⋯⋯⋯⋯ 137

栗糕 ⋯⋯⋯⋯ 138

青糕、青團 ⋯⋯⋯⋯ 138

合歡餅 ⋯⋯⋯⋯ 138

雞豆糕 ⋯⋯⋯⋯ 138

雞豆粥 ⋯⋯⋯⋯ 138

金團 ⋯⋯⋯⋯ 139

藕粉、百合粉 ⋯⋯⋯⋯ 139

麻團 ⋯⋯⋯⋯ 139

芋粉團 ⋯⋯⋯⋯ 139

熟藕 ⋯⋯⋯⋯ 139

新栗、新菱 ⋯⋯⋯⋯ 140

蓮子 ⋯⋯⋯⋯ 140

芋 ⋯⋯⋯⋯ 140

蕭美人點心 ⋯⋯⋯⋯ 140

劉方伯月餅 ⋯⋯⋯⋯ 141

陶方伯十景點心 ⋯⋯⋯ 141

楊中丞西洋餅 ⋯⋯⋯ 141

白雲片 ⋯⋯⋯⋯ 142

風枵 ⋯⋯⋯⋯ 142

三層玉帶糕 ⋯⋯⋯⋯ 142

運司糕 ⋯⋯⋯⋯ 142

沙糕 ⋯⋯⋯⋯ 143

小饅頭、小餛飩 ⋯⋯⋯ 143

雪蒸糕法 ⋯⋯⋯⋯ 143

作酥餅法 ⋯⋯⋯⋯ 144

天然餅 ⋯⋯⋯⋯ 144

花邊月餅 ⋯⋯⋯⋯ 145

製饅頭法 ⋯⋯⋯⋯ 145

揚州洪府粽子 ⋯⋯⋯ 146

飯粥單

飯 ⋯⋯⋯⋯ 148

粥 ⋯⋯⋯⋯ 149

茶酒單

茶 ⋯⋯⋯⋯ 152

武夷茶 ⋯⋯⋯⋯ 153

龍井茶 …………… 153

常州陽羨茶 …………… 154

洞庭君山茶 …………… 154

酒 …………… 154

金壇于酒 …………… 155

德州盧酒 …………… 155

四川郫筒酒 …………… 155

紹興酒 …………… 155

湖州南潯酒 …………… 156

常州蘭陵酒 …………… 156

溧陽烏飯酒 …………… 156

蘇州陳三白酒 …………… 157

金華酒 …………… 157

山西汾酒 …………… 157

特牲單 …………… 185

雜牲單 …………… 197

羽族單 …………… 201

水族有鱗單 …………… 213

水族無鱗單 …………… 218

雜素菜單 …………… 225

小菜單 …………… 236

點心單 …………… 244

飯粥單 …………… 257

茶酒單 …………… 259

原文及注釋

序 …………… 160

須知單 …………… 162

戒單 …………… 172

海鮮單 …………… 179

江鮮單 …………… 183

譯者序

袁枚（西元一七一六至一七九八年），字子才，號簡齋，晚年自號倉山居士、隨園主人、隨園老人。浙江錢塘（今杭州）人，祖籍浙江慈溪，清代乾嘉時期著名詩人、散文家、文學評論家和美食家。主要傳世的著作有《小倉山房文集》、《隨園詩話》、《隨園食單》以及筆記小說集《子不語》、《續子不語》等。

位於南京小倉山的隨園，是袁枚三十三歲辭官後隱居之所，據說是江寧織造曹寅家的故址。後來曹家被抄，其在江南的房屋及土地全都被賞賜給了新任江寧織造隋赫德，袁枚任江寧知縣時，又用三百金從隋赫德家購得小倉山的廢園，精心修葺之後，更名為隨園。就這樣機緣巧合地，袁枚住進了《紅樓夢》裡大觀園原型的故址。袁枚只比曹雪芹小一歲，有據可考，他終其一生都沒有讀過《紅樓夢》，但他晚年從一位朋友（明我齋）那裡知道了此書，並獲悉「其所謂大觀園者，即今隨園故址」。於是他想當然地認為，曹雪芹乃曹寅之子，是一位比他年長一百歲的前輩，而所謂《紅樓夢》應該是一部關於妓女的小說，並在《隨園詩話》中記載

一筆：「其（注：指曹寅）子雪芹撰《紅樓夢》一部，備記風月繁華之盛。明我齋讀而羨之。當時紅樓中有某校書（注：即妓女）尤豔，我齋題云：『病容憔悴勝桃花，午汗潮回熱轉加。猶恐意中人看出，強言今日較差些。』」雖然是天大的誤會，但還是留下了「雪芹撰《紅樓夢》一部」這麼重要的訊息。後來胡適在《紅樓夢考證》中，主要是以袁枚此話為依據來確定曹雪芹為《紅樓夢》作者的。

說完了「隨園」，再來說「食單」。《隨園食單》雖然不是中國最早的飲食專著，但它是對後世影響最深遠的。原因很簡單，和前人們比起來，袁枚才是最關注食物味道的人。前人寫了那麼多飲食著作，都是在借飲食而言其他，談禮儀者有之，談文化者有之，談養生者有之，就是沒有人真正在乎食物的味道如何。李漁在《閒情偶寄》中有一部分是專門寫飲食的，但說實話，其價值遠不及《隨園食單》。李漁寫飲食的目的，是為了提倡節儉和復古，親蔬菜而遠肉食，生怕人們管不住自己的嘴，耽於口腹之欲。他將那些詳細介紹了做菜方法的飲食著作貶為「庖人之書」，「烏足重哉」。結果一百多年後，袁枚便寫了這樣一部「庖人之書」，不僅更重視食物的味道，還結合自己四十年的美食實踐，一口氣介紹了三百多種美食的做法，為後人留下了一筆寶貴的飲食文化遺產。三百多種美食被袁枚詳細地分門別類，非常系統，

且便於檢索、查閱。同樣分門別類地介紹了三百多種食物的製作方法的食譜，還有明代戲曲家、養生家高濂的《遵生八箋·飲饌服食箋》，但兩者的文風卻截然不同，《飲饌服食箋》中多的是「實氣養血」、「溫暖脾胃」、「滋陰潤肺」等關於養生效果的描述，而相比起來，時常跳出「甘鮮異常」、「鮮嫩絕倫」、「酥脆軟美」等捕捉口感與味道的詞彙的《隨園食單》就顯得美味多了。

　　筆者五六年前初讀清代筆記小說，隨興所至，試著將一些喜愛的篇目翻譯成現代漢語，那是我第一次嘗試「文譯白」，初衷只不過是想把那些有趣的人、物、故事用我熟知的語言再講述一遍，姑且把它作為一種寫作上的語言訓練。當時選譯的篇目中就有很多來自袁枚的《子不語》和《續子不語》（又名《新齊諧》和《續新齊諧》）。有兩篇印象特別深刻，一篇寫房山有獸，名為「貘」，喜歡吃銅鐵，經常偷老百姓家的鐵質農具吃，連城門上包著的銅皮也被牠啃得精光。這本是古代筆記小說中常見的怪力亂神、洪水猛獸，但讓我印象深刻的是袁枚對這種怪獸的吃相的描寫：一見到金屬就流口水，吃起來就像吃豆腐一樣。這樣的句子本身就是有味道的，讀到這兩句，一點也不難理解為什麼貘喜歡吃銅鐵，因為銅鐵就是牠的美食。還有一篇叫〈狼軍帥〉：某天傍晚，某人趕集回家的路上，險遇狼群，他爬上路旁的一堆

柴堆，居高臨下，群狼除了將他圍困之外，毫無辦法。這時幾匹狼從隊伍中離去，不一會像抬轎子一樣抬來了牠們的軍師 —— 一隻似狼非狼的動物，因為後腿太長無法站立、行走，所以只能靠狼抬；但是牠比狼聰明，會幫狼出主意，教牠們用嘴從柴堆底下將柴一根根地叼走，這樣柴堆自然會坍塌。幸好，這時路過的樵夫們一齊吶喊著衝過來，嚇跑了狼群，解救了受困者。有意思的是，狼群在逃跑的過程中，根本顧不上牠們的軍師，後者因為無法站立和行走，只能坐以待斃。小說的最後一句是：幾個人將牠抬到村前的酒肆裡，煮了吃了。這又是非常有味道的一句，倒不是我能想像出這隻「狼軍師」吃起來是什麼味道，而是說我腦海中能浮現出當時的畫面：夜幕中，酒肆的窗口透出燈光，燈光下，熱氣騰騰的肉食已經端上了桌，驚魂未定的被救者與救命恩人們一一碰杯，大口吃肉，喧聲談笑。

我並非美食愛好者，亦非廚藝愛好者，面對美食，我有時也會分泌唾液，但閱讀那些散發出美味的句子時，我總是會分泌多巴胺。我喜歡那些對人類飲食的文學化描寫，它沖淡了我們面對食慾時所謂「性也」的自我辯解色彩，而賦予了該慾望「美哉」、「善哉」的價值 —— 我想這也是我不自量力，欣然接受出版社的邀請翻譯《隨園食單》的原因之一吧。

而原因之二，作為譯者，我肯定沒有將《隨園食單》看得那麼寶貴，否則背負著「毀經典」的壓力，定然不敢從容下筆妄譯。相反，由於此次翻譯的幾本書中，最先譯的就是《隨園食單》，所以在翻譯它的過程中，我非常放得開，沒有抱著我面對的是一部中華飲食文化寶典的心態逐字逐句地拘泥於原著，而是更多地將它當作一部文學作品，盡量使譯文更符合現代漢語的表達需求，有時為了使譯文整體上讀起來更加自然流暢，甚至不惜改變原著中句子的先後順序。這種自由創作的心態，在後面幾本（《浮生六記》、《遵生八箋》、《閒情偶寄》）的翻譯過程中，慢慢消失了，因為我逐漸感受到了來自「經典」的壓力，從而變得更加小心謹慎。

序

　　寫詩的人讚美周公禮制，寫的是「籩豆有踐」[001]，恨凡伯昏庸無道，寫的是「彼疏斯粺」[002]。古人之重視飲食由此可見一斑。又如：《周易》語涉「鼎烹」，《尚書》言及「鹽梅」，《論語·鄉黨》、《禮記·內則》亦屢論吃，誨人不倦。孟子雖不齒於口腹之欲，可他又說，飢不擇食、渴不擇飲，以為吃到嘴裡的都是美味，其實是飢渴矇蔽了他們，讓他們對飲食失去了正確的認知。可見飲食非兒戲，一簞食，一豆羹，都必須深究其中奧義，不是嘴上說說那麼容易，非孜孜以求而不能。《中庸》曰：「人莫不飲食也，鮮能知味也。」《典論》曰：「一世長者知居處，三世長者知服食。」古人在祭祀時，不管是敬獻一塊魚肉，還是分割一片豬肺，那都不是亂來的，必須嚴格遵照既定的準則和方式行事。

001　籩豆有踐：語出《詩經·豳風·伐柯》，意思是將餐具擺放得整齊有序（準備設酒宴迎娶心愛的女子）。〈伐柯〉一詩描寫西周的聘娶婚制，年輕男女結婚，必須透過媒妁才合乎禮制。全詩並未直接提及周公，故此處不能譯成「讚美周公」，而是讚美周公確立下來的西周禮制。

002　彼疏斯粺：語出《詩經·大雅·召旻》。整句為：「彼疏斯粺，胡不自替？」意思是老百姓只能吃粗糧（疏），而他凡伯卻吃著精米（粺），這樣的君主，怎麼不自黜王位呢？

　　孔子遇到善歌者，一定會請他多唱幾遍，然後再跟著他學唱。聖人如此虛心好學，善於從一切能人那裡獲得方法，就連區區一名歌者都不放過，令我十分佩服。

　　所以每當我在別人家裡大飽了口福之後，一定會遣我家的廚師登門討教，向人家的廚師虛心學習。四十年來，收穫了不少美食的製法。有的是完全掌握了的，有的學會了大半，有的只拾得點皮毛，也有的竟已失傳。但不管怎樣，我都會詢問每道菜的製法，然後謹以筆錄，集成一冊便於留存。雖然不乏一語帶過，但至少也記載了曾在誰誰家吃到過某某美味，以示崇敬。自認為好學之心，理應如此。誠然，方法是死的，人是活的，即使名家寫的書也未必全對，所以求知習技不能僅憑紙上得來。然而，有過來人總結出來的章法作為參照，行起事來畢竟要方便一些，也不會出什麼大的差錯。哪怕是臨時抱佛腳，也總好過束手無策。

　　有人說：「人心不同，各如其面。你個人的口味又怎麼能代表天下人的口味呢？」我說：「《詩》曰：執柯伐柯，其則不遠。握著斧柄去伐木，做成另一把斧柄，這難道還需要去強調此柄與彼柄的差別嗎？就算有差別又能有多大呢？是的，我的確不能強求天下人的口味都和我一樣，但我也沒辦法變成他們去感受他們的口味呀，所以姑且只能推己及人罷了。飲食之事雖小，然而我尚能忠實於自己的感受，同時亦

能推己及人，兼顧他人的感受，也算是盡心盡善了，並不覺得有何不妥。」至於《說郛》所載的三十餘種飲食書目，陳繼儒、李漁關於飲食的不切陳言，我也親自照本嘗試過，但未免也太慘不忍睹、難以下嚥了吧！大半都是穿鑿附會，這知識分子的臭毛病，我實在是包容不了，恕不採納。

須知單

學問之道，先知而後行。飲食也是如此。作〈須知單〉。

【先天須知】

食物皆各有天性，正如人之稟賦有別。《論語》中所謂「下愚不移」之人，即使孔、孟親自來教他，還是不能成大器；而天性頑劣的食物，哪怕請最好的名廚掌勺，食之終究無味。大抵來說：豬肉宜皮薄，不能有腥味；雞不要太老的，也不要太小的，肉嫩的騸雞最相宜；鯽魚以身子扁、肚皮白者為佳，若魚背烏黑，裝在盤中必然硬邦邦的；鰻魚要看生長環境，最好的鰻魚都是在湖泊、溪流中游泳長大的，江鰻則往往骨亂刺多，差矣；稻穀餵養的鴨子，肉是白的，很肥；沃土長出來的筍，節較少，味更鮮甜；同樣是火腿，味道的好壞卻如有天壤之別；同樣是魚乾，吃到嘴裡竟判若雲泥。這都是它們的天性稟賦使然，其他食物，亦可類推。如此看來，每一桌佳餚，除了廚師的六分功勞，還有四分得歸採購的人。

【佐料須知】

佐料之於廚師，好比衣服首飾之於女人 —— 女人再漂亮，再會裝扮，如果穿得破破爛爛，哪怕是西施也很難裝扮得好看。一個廚師，若善於烹調，他用醬一般會選用伏醬，還要先嘗一嘗味道是否正宗；用油則選用香油，並且知道什麼時候用生油、什麼時候用熟油；用酒當用酒釀，必先濾淨

渣滓；用醋乃用米醋，須確保醋汁清洌。而且，醬又分濃醬和清醬，油又分葷油和素油，酸酒有別於甜酒，陳醋不同於新醋，絲毫都不能含糊。至於其他的佐料，譬如花椒、桂皮、蔥、薑、糖、鹽，雖用得不多，也都應該選最好的用。蘇州的店家所售秋油，便分為上、中、下三個等級。鎮江醋顏色雖好，但是酸味不夠，已經偏離了醋的主旨。最好的醋應該是板浦醋，其次則是浦口醋。

▌洗刷須知▌

諺語云：「若要魚好吃，洗得白筋出。」可見，清洗食材很重要。不僅要把燕窩內殘存的毛絮、海參上附著的泥土、魚翅裡混雜的沙粒以及鹿筋散發出來的臊味等等清洗乾淨，還要剔除食材本身的糟粕。《禮記・內則》寫道：「魚去乙，鱉去醜。」意思是說，像魚的頰骨、鱉的肛門，都必須摘除出來扔掉，以免敗壞了整道菜。豬肉上面的筋膜影響口感，清洗時應順便剔除，入口更鬆脆。鴨肉的腥臊來自腎臟，只要割淨就好了。剖魚的時候，魚膽不能破，不然全盤皆苦。鰻魚體表的涎液，不能有絲毫殘留，否則滿碗皆腥。韭菜靠摘，摘去兩側的老葉，留下中間的嫩莖；而白菜用剝，棄除邊葉，直取菜心。

 須知單

【調劑須知】

　　調劑之法，沒有定法，因菜而異。有的菜要用酒煮，而不能用水，有的菜則須水煮，而不得加酒，還有的菜須酒、水並用。有的菜只用清醬無須用鹽，有的菜則只用鹽而不用醬，還有的菜則必須鹽和醬一齊用。有的食物太膩，要先用熱油煎炸；有的氣味太腥，要先用白醋醃漬；有的菜須用冰糖提鮮；一般煎炒的菜品，不宜留汁，以便鎖住食材的本味；而那些清香之物，則可以為湯，好使其體內的香味完全散發出來。

【配搭須知】

　　諺語云：什麼女嫁什麼漢。《禮記》曰：「儗人必於其倫。」 —— 把一個人放到他的同類中去，才能看出他的端倪來。食物的搭配也是如此。每烹調一物，總需配些輔菜佐料，就好比男女的結合，同類配同類，方能夫婦和睦。所以主材和輔料的搭配，也應當遵循清淡配清淡、濃重配濃重、柔和配柔和、剛烈配剛烈的原則。就葷素的搭配而言：蘑菇、鮮筍、冬瓜，可葷可素；蔥、韭菜、茴香、新蒜，只適合佐葷菜，而不宜配素菜；芹菜、百合、刀豆，跟素菜一起炒很好，與葷菜則不搭。經常有人往雞肉、豬肉裡面添百合，也有人吃燕窩竟然還放蟹粉，這豈不是逼唐堯與蘇峻為

伍，還有什麼比這更荒唐的嗎？當然，有的時候又必須交互使用才好，譬如炒葷菜用素油，炒素菜則用豬油。

獨用須知

味太濃重的食物，無須配菜，宜單獨烹飪。好似李贊皇、張江陵這類強勢人物，必須專才專用，方可人盡其才。食物中，也有強勢者，譬如鰻魚、鱉、蟹、鰣魚、牛、羊，都最好單吃，不可搭配他物。究其原因，這幾樣食材的味道又醇又衝，鮮美中還夾雜著腥羶等邪味，十分難以駕馭，必須用五味調料全力矯正，才能在保留其鮮美的同時去其邪味。做到這點已經很不容易了，哪還有工夫去顧及配菜，豈不是自找麻煩？金陵人喜歡以海參配甲魚、魚翅配蟹粉，我看到就會皺眉頭。把這幾樣摻和到一起，不僅各自的鮮美無法疊加，反而還會沾染上彼此的腥氣，真是成事不足，敗事有餘啊！

火候須知

廚藝好不好，關鍵看火候。有的菜須用武火煎炒，火力太小，則疲軟不脆。有的菜須用文火細煨，火勢太猛，則容易燒乾。有的菜需要慢慢地收汁，若用猛火急炒，則表面易焦而裡面難熟，所以必須先用武文而後用文火。有的菜，譬

如腰子、雞蛋之類,越煮越嫩;而有的菜,譬如鮮魚、蚶蛤
之類,稍微一煮就老。尤其是魚肉,起鍋稍遲,便如嚼死
肉;而豬肉起鍋太晚,則肉色發黑。頻繁地開啟鍋蓋,則
浮沫多而香味少;還有熄火之後再開火續燒的,往往走油
而失味,這都是不諳火候的表現。須知道家修煉,非九轉
不能成仙丹,儒家視過猶不及,必以中庸為度。而身為廚
師,也必須火候精到,慎重地燒好每一道菜,若能做到這一
點,那他離得道也不遠了。一盤魚肉上桌,色白如玉,夾之
不散,說明是新鮮的魚;如果白若脂粉,而且一夾就碎,乃
死魚肉也。明明是鮮魚,卻因為火候不精,把牠做成了死魚
肉 —— 這樣的廚師,可恨至極。

色臭須知

　　眼睛和鼻子,既是口舌的鄰居,也是媒介。珍饈佳餚端
上桌來,目觀其色,鼻聞其香,便知不同凡響 —— 看這道
菜淨若秋雲,那道菜豔如琥珀,更有一股芬芳之氣撲鼻而
來,何必等到吃進嘴裡方覺味美?然而不可捨本逐末,粉飾
色香,代價是傷味。為了色澤鮮豔而多用糖炒,為了芳香撲
鼻而妄加香料,這樣討好鼻目,最終損害的是舌頭的利益。

▌遲速須知▐

請客吃飯，一般都會提前幾天邀約，時間寬裕，盡可以多辦一些大菜。可若是家裡突然來了客人怎麼辦？這邊廂馬上就到飯點了，那邊廂很多食材還得臨時去採購，上哪去端個十大碗八大盤的來給他，只好趕緊炒幾個快菜，先填飽客人的肚子再說。還有一種情況，人在旅途中，舟車勞頓，肚子早就餓得咕咕叫了，好不容易找著一家飯店，當然希望能趕緊吃上一頓熱飯熱菜，味道可口便成，而無須什麼山珍海味、水陸畢陳，畢竟遠糧難解近飢。所以，必須預備幾種「急就章」菜式，像炒雞片、炒肉絲、炒蝦米豆腐，以及糟魚、火腿之類的因其快速而討巧的菜，作為廚師，不可不會。

▌變換須知▐

一物有一物的味道，不能混為一味。孔子門徒眾多，尚能因材施教，不拘一格，正所謂「君子成人之美」。有平庸的廚師，動輒將雞、鴨、豬、鵝一起丟到湯裡去煮，結果當然是千篇一律地難吃。如果雞、鴨、豬、鵝泉下有知，恐怕也會到閻羅殿去喊冤告狀吧！會做菜的人，處理不同的食材，一定會變換著使用不同的鍋、灶和餐具，使每一樣食材都只做它自己，使每碗各成一味，吃的人舌尖應接不暇，自然心花怒放。

 須知單

【器具須知】

　　古人說，美食不如美器。確實如此。然而，明宣德、成化、嘉靖、萬曆諸窯的瓷器過於名貴，生怕損傷，不如就用本朝御窯，便已經足夠雅麗了。只是有一點：應該根據菜式的需求選擇合適的餐具，該用盤裝則用盤裝，該用碗裝則用碗裝，盤、碗該大則大，該小則小，如此大小相間、器形參錯，定能擺出滿桌的活色生香。而不必拘泥於所謂的「十碗八盤」，那未免太不變通了，很容易落入俗套。一般來說，裝名貴菜餚的餐具須大，裝廉價食物的餐具宜小；煎炒的菜式宜用盤或鐵鍋來裝，煨煮的菜式宜用砂罐，湯羹則宜用碗盛。

【上菜須知】

　　上菜給客人，應該先上鹽味重的菜，後上鹽味淡的菜；先上味道濃厚的菜，後上口味清淡的菜；先上沒有湯汁的菜，後上湯湯水水的菜。而且，不能所有菜都是鹹的，評估客人吃得有點飽了，喝得有點多了，酒足飯飽則脾困胃乏，這時就應該上點辣的菜刺激一下他的食慾，上點酸味甜味讓他醒酒提神。

時節須知

　　夏季日長而炎熱，活物不能宰殺太早，否則肉容易變味。冬季日短且寒冷，烹飪的時間不宜太短，否則食物難熟。冬天適合吃牛、羊，改為夏天吃，便不合時令。夏天適合吃乾肉，改為冬天吃，也不合時令。至於佐料，夏天宜用芥末，冬天宜用胡椒。有些原本稀鬆平常的食物，特別適合反季節吃，那感覺又不同往時，竟像拾到至寶似的，譬如三伏天吃冬醃菜、秋涼時吃行鞭筍，雖非名餚卻勝似珍饈。還有些時令菜，最好吃的階段卻是其時令的「頭」或「尾」，譬如三月吃鰣魚，別人還沒開始吃；四月吃芋艿，別人早已經吃膩了。其他食物亦可類推。還有過了時令便不能吃的，譬如蘿蔔過了時令則空心，山筍過了時令則味苦，刀鱭過了時令則骨硬。所謂「四時之序，成功者退」，不同的季節促使不同的食物成熟，當食物的精華流盡，該季節的任務也宣告完成，於是功成身退，讓位於下一個季節。

多寡須知

　　用名貴的食材，宜多；用廉價的食材，宜少。煎炒的菜式，分量大則火力不透，肉不鬆脆。所以一道菜裡，豬肉不得超過半斤，雞肉、魚肉不得超過六兩。有人說了：吃了不夠怎麼辦？很簡單，寧可吃完再炒，也不要一次炒那麼多。

有宜少的，便有宜多的。白煮肉就越多越好，沒有二十斤豬肉，都覺得淡而無味。煮粥也是，非得一斗米下鍋，漿汁才會濃稠，還得控制水量，如果水多米少，同樣會味道寡淡。

潔淨須知

切完蔥的刀，不可以切筍，搗過辣椒的臼，不可以搗麵粉。菜裡面有抹布味，那是抹布沒洗乾淨；菜裡面有砧板味，那是砧板沒刮乾淨。所謂「工欲善其事，必先利其器」，好的廚師，必先多磨刀、多換布、多刮板、多洗手，而後做菜。至於吸菸時產生的煙灰，頭上的汗汁，灶上的蠅蟻，鍋沿的煙煤，一旦落入菜中，縱有絕好廚藝，亦好比「西子蒙不潔，人皆掩鼻而過」矣。

用纖須知

豆粉俗稱「纖」，「拉縴」的「縴」，顧名思義，譬如做肉丸容易散，做湯羹不夠黏稠，所以要用豆粉來「牽線」撮合它們。煎炒時，考慮到肉片容易黏鍋，一黏鍋必然外焦裡老，所以要裹上一層豆粉來保護它們。這就是「纖」字的本義。廚師做菜，什麼時候該用纖，想一想「纖」的字義就明白了，若解釋得通，說明用得恰當。否則亂用一通，只會將菜做成一鍋糨糊，甚是可笑。《漢制考》一律管麵麩叫做「媒」，媒就是纖。

▌選用須知▐

　　小炒肉用後臀肉，做肉丸用前夾心肉，煨肉用五花肉，炒魚片用青魚、季魚，做魚鬆用鯇魚、鯉魚，蒸雞用雛雞，煨雞用騸雞，煲雞湯用老雞。雞選母雞肉才嫩，鴨選公鴨膘才肥。蒓菜取菜頭，芹菜、韭菜取嫩莖。以上為選用食材的不二法門。其他食材亦可照此類推。

▌疑似須知▐

　　味道要濃厚，但不可以油膩；味道要清鮮，但不可以寡淡。兩種疑似之間，差之毫釐，謬以千里。所謂「濃厚」，是指在去其糟粕的前提下，盡量挖掘食物原味的精華。如果只是貪圖肥膩，不如盡吃豬油好了。所謂「清鮮」，是指將食物的真味烹出即可，而不需妄加調料。如果一味追求寡淡，不如直接喝白開水。

▌補救須知▐

　　名廚做菜，往往能一步到位，不僅鹹淡合宜，而且老嫩適中，並不存在補救一說。但是沒辦法，畢竟一般人都達不到名廚的水準，還是有必要跟他們說一說補救的方法。調味不怕太淡，就怕太鹹，淡了可以加鹽補救，而太鹹則無法使其變淡。蒸魚不怕太嫩，就怕太老，太嫩可以加把火候補

救，而太老要變嫩則無力回天。此中關鍵在於下佐料時別太鹹，靜觀火候以防太老，做到這兩點便無大礙。

【本分須知】

　　滿洲菜多為燒煮，漢人菜多為羹湯，只因習俗不同，他們自幼學做的便是這些菜，所以也都十分擅長。在以前，不管是漢人宴請滿人，還是滿人宴請漢人，大家都會拿出自己最擅長的手藝，使客人得以一嘗新鮮，卻不至於邯鄲學步。而今人為了特別地討好賓客，竟忘了自己的本分，以至於漢人宴請滿人，用滿菜，滿人宴請漢人，則用漢菜。其結果，不管是滿人做的漢菜，還是漢人做的滿菜，都只是看著像那麼回事，其實不過有名無實、畫虎不成反類犬罷了。好比秀才入考場，若能專做自己擅長的文章，做到極致時，何患懷才不遇。如若遇著一位宗師便模仿其文風，再遇著一位主考官又模仿其文風，徹底地失去了自我，那必然屢試不中呀！

戒單

　　執政者，為民興一利，不如為民除一弊。治飲食者，若能除飲食之弊，則功成在望矣。作〈戒單〉。

【戒外加油】

有平庸的廚師，動輒熬一鍋豬油，臨上菜時舀一勺，每道菜上都淋一點，以為天下美味盡在肥膩。甚至連燕窩這樣極其清新的食物，也難逃被玷汙的命運。而那些無知的食客，還就好這一口，狼吞虎嚥，像上輩子沒吃飽似的，總覺得要多吃些油水進去，心裡才踏實。

【戒同鍋熟】

一鍋同煮的弊病，請參看〈須知單〉中「變換須知」一條。

【戒耳餐】

什麼叫「耳餐」？所謂「耳餐」，即博取名聲之意，所用的名貴食材，都只是為了顯擺主人的實力，誇耀主人敬客的誠意。所以，是為取悅耳朵而設，而不為一飽口福。他們不知道，豆腐若做得好，亦遠勝於燕窩；海鮮若非上乘，尚不如蔬菜和筍。我還說過，雞、豬、魚、鴨都是肉中豪傑，憑一己之味，便可獨立門派；而海參、燕窩，乃平庸陋俗之輩，寄人籬下，全無性情。我見過某太守宴客，缸大的碗，內盛白煮燕窩四兩，絲毫無味，可是客人卻爭相誇讚。我笑道：「我們只是來吃燕窩的，又不是燕窩販子。」既然食之

無味，再多又有何用？如果只是為了體面，不如放一百顆珍珠於碗內，就算吃不得吧，至少稱得上價值連城。

戒目食

什麼叫「目食」？所謂「目食」，即貪多之意。今人貪慕那「食前方丈」的虛榮，每食必求菜品繁多，多到桌子擺不下了，就將盤碗疊起來擺，這都是為了看著過癮，而不為一飽口福。他們不知道，再好的書法家，多寫必有敗筆；再好的詩人，洋洋灑灑必出破綻。而即便是名廚，心力也非常有限，一天之內，最多只能做出四五道好菜，且須發揮得好才行，你讓他如何保證那堆疊起來的盤盤碗碗裡全都是美味？就算多請幾名廚師來幫他，那也是各懷己見，全無紀律，只會越幫越忙。我曾做客於某商人家，席間換了三桌菜，加上十六道點心，菜品竟多達四十餘種。主人倒是挺洋洋得意，而我散席後仍餓得不行，回到家裡還得煮粥來充飢，可想而知，如此豐盛的宴席，其菜品有多不乾淨了。南朝孔琳之說：「今人喜多置菜餚，除了以饗口福，更多只是為了愉悅雙目而設。」我認為，餚饌橫陳，腥臭相熏，實在也沒什麼可悅目的。

戒穿鑿

順從食材的本性，相信它們都是上天的傑作，所謂「無為自成」，並不需要過多人為因素的介入，更不可以穿鑿附

會、妄加改造。譬如燕窩，天生佳品，何必多此一舉捶打成丸子？又如海參，自成尤物，何必畫蛇添足熬製成醬料？西瓜切開之後應該儘快吃掉，稍微放一放就不新鮮了，可是有人卻偏要將它製成糕點；蘋果本來是生一點的好，太熟口感就不脆了，可是有人竟然還要將它蒸熟製成果脯。其他的，像《遵生八箋》裡的秋藤餅，李笠翁的玉蘭糕，全都是矯揉造作，完全背離了事物的本性，有悖於常理。好比日常的德行，做到家便是聖人，又何必索隱行怪，以顯示自己情調高雅？

戒停頓

　　品嘗菜餚要在剛起鍋時，味才鮮美，略為擱置，美味已成殘羹。我見過一位性急的主人，每回設宴總要將菜餚一次搬出。於是廚師想了個辦法，提前將整席的菜全都做好，再放入蒸籠中熱著，主人一催上菜，便可以即刻上齊。然而，這一桌子的「剩菜」未必會好吃。會做菜的廚師最怕碰到這種不會吃的食客，你一盤一碗都費盡了心思，可他卻只管囫圇吞下，根本不解其中味，正所謂得了哀家梨，卻拿它蒸著吃。我到粵東時，曾在楊蘭坡明府家中吃到一道令人難忘的鱔羹。我問楊明府：「怎麼會這麼好吃？」他答道：「不過是現殺現煮，現熟現吃，不停頓而已。」凡菜都如此。

戒暴殄

　　為何要戒暴殄，不是常人認為的「啊，我們要愛惜糧食、積福積德」，不是這個意思。如果暴殄對飲食確有幫助，那我也沒什麼好反對的。問題是，它費力還不討好——對於人力是一種消耗，對於飲食是一種損害，那又何苦呢？譬如雞、魚、鵝、鴨，從頭到腳各具風味，沒必要將這個也摘除，將那個也割棄。我見過有人煮甲魚，專取裙邊，可明明甲魚肉才是最好吃的。還有人蒸鰣魚，只要魚腹，殊不知鰣魚之至鮮在魚背上。即便像醃蛋這樣卑微的食物，也不能只吃蛋黃，蛋白便扔掉，雖然它好吃的部分確實在黃不在白，但沒有了後者的對比與襯托，前者吃起來也頓覺索然無味。總之，我反對暴殄天物，是為了有益於飲食。至於在炭火上活烤鵝掌，執利刃生取雞肝，這就是人品的問題了，即便真的好吃，也不應該這麼做。雞、鵝等物，養了就是給人吃的，為了飽腹，你可以宰殺牠，但讓牠生不如死、求死不得，這不是正人君子的所作所為。

戒縱酒

　　只有清醒的人，才能辨別是非對錯；也只有清醒的人，才能品出味道的好壞。伊尹說：「美味的精細與微妙，是語言無法描繪的。」語言尚且不能描繪，豈有喝得醉醺醺的酒

徒，懂得品味美食的？你看那些划拳酗酒的人，心思早就不在菜上了，因為任何好菜吃在嘴裡，都如嚼木屑。對於他們來說，喝酒才是正事，天塌下來都不管的，「飲食之道」更是被他們踩在了腳下。當然，並不是說一定不能飲酒，只是吃菜的時候就好好吃菜，撤了席你愛怎麼喝都行，這樣兩不相誤，豈不更好？

戒火鍋

　　冬天宴客，習慣用火鍋，一鍋滾湯對著客人，「咕嘟咕嘟」沸騰不休，這就夠討厭了；更何況，不同的食材對火候有不同的要求，什麼時候用文火，什麼時候用武火，什麼時候該起鍋，什麼時候該添火，都必須精確控制。現在不管什麼食材，都一律丟進火鍋裡沒完沒了地煮，味道能好得了嗎？最近，人們又搗鼓出用酒精代炭，還以為做了一項多了不起的發明，殊不知食物多經幾滾，總會變味。有人問：「冬天菜容易冷，不吃火鍋怎麼辦？」我說：「端上來一道熱騰騰剛出鍋的菜，客人們沒有登時一掃而光，還能晾在一旁任它變冷，可想而知這道菜有多難吃啊！」

戒強讓

　　宴請客人，應合乎禮節。每個客人的口味和喜好都不一樣，所以他愛吃哪個、不吃哪個，都應該主隨客便，否則強

行禮讓，逼客吃菜，那就是不講道理了。在宴席上，常見熱情的主人為客人夾菜，每樣都夾一點，堆在客人的碗裡，如廚餘汙穢，令人反胃。要知道，客人又不是自己沒長手和眼睛，也不是什麼三歲小孩子、剛過門的媳婦，怕羞得很，何必以鄉下老婦的見解去招待人家，既顯得自己小家子氣，對客人也是極大的不尊重。近來，這種惡習在青樓中最為盛行，她們夾了菜不是放在你的碗裡，而是硬塞入你口中，哪裡是待客，這分明是「強姦」。長安有一個特別喜歡宴客的人，但是菜又做得不好吃，有客人問他：「我和你算朋友嗎？」主人說：「算朋友！」客人跪坐在地上，請求道：「果真算朋友的話，我就求你一件事情，你答應了，我才起來。」主人詫異道：「什麼事？」「以後你家宴客，求求你，別叫我來了。」滿座賓客皆為之大笑。

戒走油

　　凡魚、豬、雞、鴨等肉類，即使再肥，也要將油脂鎖定在肉裡，這樣才能保證肉味不散。如果肉中的油脂有一半落在湯裡，那麼湯的味道，反而進入不了肉裡。走油的原因有三：一是火太猛，滾急水乾，只好加水再滾；一是驟然停火，發現火候不夠，不得不回爐續燒；一是為了察看進度，而屢揭鍋蓋，必然會導致走油。

戒落套

最好的詩乃唐詩,然而唐朝科舉中出現的應試之作,從來不入名家的選本,原因就是太落俗套。詩尚且如此,飲食也應該這樣。當今官場上的菜式,名目繁多,什麼「十六碟」、「八簋」、「四點心」,什麼「滿漢全席」,什麼「八小吃」、「十大菜」,種種俗名,實乃惡廚之陋習,只能用來敷衍一下初次上門的親家,拍一拍前來巡視工作的上司的馬屁,還須配合著更多的繁文縟節,例如椅披桌裙、屏風香案,行三揖百拜之禮等等,才顯得相稱。像平時的家庭歡宴,文友相聚飲酒賦詩,怎麼可能用這些俗套?必須做到盤碗參差、整散雜進,才能顯出名貴的氣象。我自己家辦壽宴婚席,也是動輒五六桌客,如果請外面的廚師,亦難免落入俗套;但自家廚師嘛,畢竟已經被我訓練有素,一切照我的原則去做,到底還是不同些。

戒混濁

混濁不是濃厚,混濁就是混濁。一碗湯,看上去非黑非白,像水缸裡攪渾的水,那是色之混濁;一勺滷,嘗起來不清不膩,如染缸中倒出的漿,那是味之混濁。免於混濁的辦法,在於洗淨食材,善加佐料,伺察水火,親自試味,不要

讓客人吃起來舌上如有隔皮隔膜之感。庾信評論詩文時說「索索無真氣，昏昏有俗心」，即是形容「混濁」的。

▌戒苟且▐

凡事不宜苟且，尤其是對待飲食。要知道廚子夥夫，都是見識淺陋的下人，你一天不加賞罰，他就會開始玩忽職守。如果這次的菜火候未到，你也姑且嚥下，下次的菜真味全失，你也忍而不發，這樣一味縱容只會令他愈加草率。而且，光賞罰分明還不夠，你得讓他知其所以然，賞的時候要告訴他好在哪裡，罰的時候要向他指出不好的原因。飲食中諸多毛病，其實都是給慣出來的，做的人偷懶，吃的人隨便，於是做的人愈加偷懶，吃的人愈加隨便。要改良弊端，首先吃的人這方面應該把標準提高 —— 鹹淡必須適中，多一絲少一毫都不行，火候要恰到好處，既不能太生也不能太老，達不到這個標準的菜，就沒有資格裝盤。咱們做學問，都提倡「審問、慎思、明辨」，而為人師長者，更應該隨時指點學生，多與學生相互交流、促進。為什麼在吃這件事情上，大家就不要這種態度了呢？

海鮮單

　　古八珍並無海鮮一說，今人崇尚之，我亦不得不從眾。作〈海鮮單〉。

【燕窩】

燕窩太名貴了，誰也不會沒事就吃燕窩，但既然要吃的話，還是別太小氣，標準的份額是每碗足二兩，且不摻雜他物。現在很多人將肉絲、雞絲拌在燕窩裡，那是吃雞絲、肉絲，不是吃燕窩。還有的人，為了得個「請客吃燕窩」的口實，往往放三錢生燕窩撒在菜面，客人一撩便找不著了，不知道的還以為是掉了幾根白頭髮在菜上，真的是乞丐炫富，反露貧相。

燕窩這種東西，最清爽，最柔滑，所以千萬別串同那些油膩、生硬的食物去煮。正確的做法是，先用沸騰的天然泉水浸泡，泡發之後用銀針將裡面的黑絲挑去，然後再放進嫩雞湯、好火腿湯、新蘑菇湯三種湯裡面去滾，直滾到燕窩顏色呈玉色為佳。如果一定要用配料的話，用蘑菇絲、筍尖絲、鯽魚肚、嫩野雞片，還勉強能接受。

我到粵東時，在楊明府家裡嘗過一道冬瓜燕窩，十分了得。也沒有別的訣竅，無非是以柔配柔，以清入清，多用雞湯、蘑菇湯滾煮而已。上好的燕窩都是呈玉色，並非純白。有人將燕窩捶打之後揉成團、揉成麵，這都是穿鑿附會，畫蛇添足。

【海參三法】

海參本身無味，沙多氣腥，所以最難討好。但是海參的天性還算是濃重的，斷不可以用清湯煨煮。應該專揀小刺參，先浸泡去沙，再用肉湯滾泡三次，然後用雞湯、肉湯一起紅煨，直到爛透，最後才下佐菜輔料。海參不容易煨爛，一般來說，明天請客，今天就應該提前煨了。且海參色黑，所以最好選用香菇、木耳等顏色較深的佐菜。

曾見過錢道員家裡，夏日用芥末、雞汁拌冷海參絲吃，特別好。又或者將海參切成碎丁，同筍丁、香菇丁一道用雞湯煨製成羹。蔣侍郎家用豆腐皮、雞腿肉和蘑菇一道煨海參，也好吃。

【魚翅二法】

魚翅，和海參一樣難爛，必須煮上兩日，方能摧剛為柔。有一個笑話，說「海參觸鼻而魚翅跳盤」，講的便是這兩樣食物沒有煮爛，客人吃起來要麼彈到鼻子，要麼滑出盤外。

魚翅的烹法有兩種。用上好火腿並上好雞湯，加鮮筍及一錢左右冰糖一道煨爛，此為一法；又或者用純雞湯煮細蘿蔔絲，然後將碎魚翅摻和其中，吃的時候，蘿蔔絲和魚翅都浮在湯麵上，客人分不清哪些是蘿蔔絲、哪些是魚翅，這又

 海鮮單

是一法。此蘿蔔絲法一定要湯多，且蘿蔔絲氣味刺鼻，需焯水兩次方能除味；而用火腿煨的話，只需留一點湯滷。但不管湯多湯少，煮出來的魚翅都必須柔膩、入味才好。

吳道士家做魚翅，不用下鱗，只用上半部分，亦別有風味。我還在郭耕禮家吃過一道魚翅炒白菜，其妙一絕！可惜他不肯傳授這道菜的做法。

鰒魚

鮑魚切薄片，用來炒著吃最好。楊中丞家將鮑魚片丟進雞湯與豆腐同煮，號稱「鮑魚豆腐」，調味則用陳糟油澆之。莊太守將大塊鮑魚和整鴨同煨，也算是獨樹一幟、另闢蹊徑，只是鮑魚的肉質實在是太結實了，不切成薄片根本咬不動，最後煨了整整三天，總算能嚼爛了。

淡菜

淡菜煨肉，加湯極鮮。還有一種做法是，去殼去內臟之後，用酒炒。

海蟶

海蟶，寧波特產小魚，味道跟蝦米一樣，用來蒸蛋最好。也可以作小菜吃。

烏魚蛋

　　烏魚蛋最鮮，也最不好料理。必須先用河水將其滾透，去除沙子和腥氣，再同蘑菇一道加入雞湯煨爛。龔雲若司馬家最擅長。

江瑤柱

　　江瑤柱產於寧波，做法和蚶、蟶一樣。江瑤柱最鮮最脆的部分是「柱」，所以剖殼之後，只取精華，多棄糟粕。

蠣黃

　　蠣黃生長在海石上，其殼堅硬無比，牢牢地黏附在海石表面，很難分開。牠的肉有點像蚶和蛤，最適合用來做羹。蠣黃又名「鬼眼」，是樂清、奉化兩縣的土產，別的地方都沒有。

海鮮單

江鮮單

　　東晉郭璞所著〈江賦〉中，甚多魚族，遂擇其中最常見者，作
〈江鮮單〉。

【刀魚二法】

刀魚洗淨置於盤中，用蜜酒釀、清醬，像蒸鰣魚一樣蒸，是最好吃的。不要加水。如果嫌刺多，則可以用快刀刮片，再用鉗子拔刺，然後放入火腿湯、雞湯、筍湯煨煮，味道無比鮮美。金陵人就不喜歡刀魚的刺多，但是他們的辦法比較奇特，先用熱油炸成魚乾，再炒著吃。經油一炸，刺確實是酥了，但是肉也焦了，這就叫矯枉過正，像諺語說的：「駝背夾直，其人不活。」還有一個方法很好，從魚的背部斜刀切入，令細骨全遭斬斷，再下鍋煎黃，加佐料。這是蕪湖陶大太家的製法，吃起來完全感覺不到肉裡面還有魚骨。

【鰣魚】

鰣魚可以用蜜酒蒸著吃（方法參照刀魚），也可以直接用油煎過之後，再加清醬、甜酒。千萬不要切成碎塊，加雞湯煮。有人將鰣魚的背骨切除，專吃魚腹，以至於真味全失。

【鱘魚】

尹文端公常誇他家的鱘鰉是最好吃的，然而我嘗過之後，還是覺得煮得太熟，味道頗重濁。要說真正好吃的炒鰉魚片，我只在蘇州唐氏家裡吃到過。他家的做法是，將鰉魚

切片，油爆之後加入酒和秋油滾三十次，然後加水再滾，起鍋，加佐料。佐料可多放瓜、薑和蔥花。還有一種做法：將整條魚在白開水中煮十滾，去大骨，將魚肉切成小方塊備用；雞湯去沫，魚頭的明骨也切小方塊，放入雞湯煨煮至八分熟，下酒、秋油，再下魚肉塊，煨至二分爛，起鍋，加佐料。佐料用蔥、花椒、韭菜，薑汁多加無妨（可用一大杯）。

▌黃魚▐

黃魚切小塊，用醬和酒浸醃一個時辰，取出瀝乾。然後下鍋爆炒至兩面金黃，加入金華豆豉一茶杯、甜酒一碗、秋油一小杯，同滾。待湯汁略乾、湯色變紅，加糖、瓜和薑，收汁起鍋。這樣的做法，妙處全在沉浸醬酒中的那一個時辰，使魚塊味極濃郁。還有一法：將黃魚拆碎，入雞湯做羹，起鍋前加入少許甜醬水和芡粉。一般來說，黃魚屬味道濃厚的食材，不合適清淡。

▌斑魚▐

斑魚肉質最嫩。將斑魚剝皮、去內臟，只留肝和肉，用雞湯煨煮，按照三、二、一的比例，加入酒、水和秋油。臨起鍋時，加入大碗薑汁、蔥數根，作用是去腥。

江鮮單

假蟹

　　黃魚煮兩條，去骨留肉；生醃蛋四個，打散備用；起油
鍋，放入黃魚肉爆炒，然後下雞湯，燒開；最後將醃蛋液
倒入，攪勻，加入香菇、蔥、薑汁和酒，吃的時候再酌情
加醋。

特牲單

　　是豬神通廣大，能入百菜，堪稱一聲「教主」，難怪古人有特
豚饋食之禮。作〈特牲單〉。

【豬頭二法】

豬頭洗淨，用甜酒煮——五斤重的豬頭，用甜酒三斤，七八斤重的豬頭，用甜酒五斤；蔥下三十根，八角則三錢，在鍋裡煮個兩百多滾，然後下一大杯秋油（等熟了之後，如果覺淡還可以再加）、糖一兩；加水（須是開水，要漫過豬頭一寸），蓋鍋、用重物壓住，大火燒一炷香的時間，轉小火慢煨使湯乾肉膩，煨到熟爛立即開鍋蓋，以防走油。另一種做法是：專門打造一個木桶，用銅簾將桶攔腰隔開，將豬頭洗淨，加佐料一塊填入桶內密封，銅簾以下水肉，用文火隔水蒸，蒸至豬頭肉熟爛。此法妙在使多餘的油垢都流出了桶外，食之肥而不膩。

【豬蹄四法】

取蹄膀一隻（不要爪），用白開水煮爛，倒掉水，加好酒一斤、清醬酒半杯、陳皮一錢、紅棗四五個，一起煨煮。臨起鍋時，加入蔥、花椒、酒，挑出陳皮、紅棗，這是一法。又一法：用小蝦米吊湯，蹄膀入湯煮爛，再加酒、秋油煨之。第三法：取蹄膀一隻，先煮熟；素油熱鍋，放入蹄膀，煎至表皮皺起，再放佐料紅燒。有些人吃這道菜時最喜歡先把皮揭下來吃，號稱「揭單被」。第四法：取蹄膀一隻，加酒、秋油，置於鉢內，另一鉢倒蓋其上，然後放入蒸籠

蒸，時長兩炷香剛好，號稱「神仙肉」。錢道員家裡做這道菜最妙。

豬爪、豬筋

專取豬前蹄之爪，剔去大骨，只用雞湯清煨。可以搭配豬筋，因為它的味道和豬爪是一樣的；有好的後腿爪，也可以摻在一起煨。

豬肚二法

將豬肚洗淨，取最厚的部分，割棄表裡兩張皮，單留中間一層肉，切骰子小塊，用滾油爆炒一下，加入佐料，馬上起鍋 —— 這是北方人的做法，認為越脆越好。而南方人吃豬肚，一定要極爛才算好，通常將豬肚用白開水加酒，煨兩炷香時間，蘸清鹽吃；又或者與佐料一道，用雞湯煨爛切片吃，都很好。

豬肺二法

豬肺最難洗，瀝乾肺管裡的血水，剔淨肺葉上的白膜，這第一步就邁得十分艱辛：要捉住兩扇豬肺，把它揍一頓，頭朝下吊起來，抽它的筋（肺管），剝它的皮（膜），場面雖不雅觀，工夫卻要求極其細緻。洗淨後的豬肺，用酒、水滾

一天一夜，只見湯麵上漂浮著一小片東西，狀若白芙蓉，是縮水後的豬肺。再加佐料，上口如泥。湯西崖少宰某回宴客，上了一道豬肺湯，每碗四片，便是四個豬肺。現在的人已經沒有這等閒工夫了，比較可取的做法是，將整肺切零，放入雞湯煨爛。如果是野雞湯就更妙，為何？以清配清嘛。退而求其次，用上好的火腿煨也行。

豬腰

腰片炒得太老則木，炒得太嫩，又怕沒熟。不如整隻煨爛之後蘸椒鹽吃（或者加佐料也行）。但煨的時間有講究：煨三刻鐘，老了；須煨上一天，才能嫩爛如泥。這樣煨出來的「腰子泥」，最適合的吃法是手抓，而不宜刀切。再者說，腰子這種東西就應該寡吃，一旦別的食物與它同鍋，被它奪了味先不說，還得惹上一身的腥。

豬里肉

里脊肉，嫩，但很多人嫌它只精不肥，不吃。我曾在揚州謝蘊山太守席上吃過一次，特別好吃。說是將里脊肉切薄片，裹上芡粉後抓成小把，投入蝦湯中，加香菇、紫菜清煮，一熟便起。

白片肉

　　須自家養的肥豬，宰殺後入鍋，白開水煮到八分熟，關火後先不急著出鍋，再泡一個時辰才取出。挑取豬身上經常活動的部位，切作薄片，趁其不冷不燙、溫熱適中，即刻上桌。這就是白片肉的做法，北方人最擅長了。南方人學做這道菜，怎麼都學不像。而且，用市場上買回來的零散豬肉，也很難做出好吃的白片肉來。所以寒士請客，寧用燕窩，不用白片肉，因為必須用整豬才行，那還是太昂貴了。

　　白片肉要怎麼「片」，也有講究：須用小快刀片之，每一片都要做到肥瘦相間，所以其刀法也是時而橫割、時而斜切，這一點倒是與聖人說的「割不正不食」截然相反。白片肉名目繁多，其中滿洲「跳神肉」最妙。

紅煨肉三法

　　或用甜醬，或用秋油，又或者乾脆不用秋油、甜醬 —— 此三法也。操作如下：取豬肉一斤，鹽三錢，用純酒煨煮（也有用水的，但必須收乾水分）。煨煮時不能常揭鍋蓋，一旦走油，肉味盡逸油中。三種做法 —— 不管用不用醬油 —— 都能做出紅如琥珀的紅煨肉來，所以完全沒必要加糖炒色。色紅，全靠起鍋及時，起鍋太早則黃而未紅，起鍋過遲則紅色變紫，且精肉變硬。一般來說，紅煨肉要求精肉

也能入口即化方為妙,所以切出來還是方方正正的肉塊,起鍋時則必須已經爛到不見稜角。總而言之,全在火候,俗話說:「緊火粥,慢火肉。」在理得很!

白煨肉

取豬肉一斤,用白開水煮至八分好,撈出,湯備用;用酒半斤、鹽二錢半,煨煮一個時辰;再倒入一半煮肉原湯,滾至湯汁濃膩、將乾未乾時,加蔥、花椒、木耳、韭菜等佐料。煨煮的時候,應該先用武火後用文火。

另有一法:每肉一斤,用糖一錢、酒半斤、水一斤、清醬半茶杯;先用酒將肉滾煮一二十次,加茴香一錢,再加水、佐料燜爛,也好吃。

油灼肉

五花肉切方塊,去筋、膜,用醬和酒醃浸後,入滾油中炸,起鍋時加蔥、蒜,稍微噴一點醋。吃起來肥的不膩,瘦的鬆脆。

乾鍋蒸肉

先用小瓷鉢,填裝小方塊肉,加甜酒、秋油。再將小鉢套入大鉢內,封蓋,一同放置鍋裡,用文火乾蒸約兩炷香時間。秋油和酒的量,方淹過肉面為宜。

蓋碗裝肉

放手爐上蒸。方法同前。

磁罈裝肉

將小瓷罈埋入糠堆中，燃糠慢煨。方法同前。一定要密封好。

脫沙肉

豬肉去皮，切碎後和蛋液攪拌，大約一斤肉用三個雞蛋；攪勻後再斬至肉糜，放入秋油半酒杯、蔥末適量，再拌勻，用一層豬油網裹住，捲成長條。用菜油四兩燒熱，將肉捲下油鍋中小火煎炸，煎好一面再煎另一面，然後取出去油。再入鍋，加好酒一茶杯、清醬半酒杯，燜透，然後起鍋切片。最後在肉面上，加韭菜、香菇、筍丁。

晒乾肉

精肉切薄片，在烈日下曝晒，剛剛晒乾就好。烹製則搭配陳年大頭菜，一同乾炒。

火腿煨肉

火腿切方塊，放入冷水中煮，滾三次，撈起瀝乾。再取

新鮮豬肉，也是切成方塊，也是放入冷水中煮，兩滾後撈起，瀝乾。兩者同入清水中煨煮，加酒四兩，蔥、椒、筍、香菇適量。

台鯗煨肉

方法跟火腿煨肉一樣。區別在於，煨煮時先放豬肉煨至八分爛，再加台鯗同煨，因為後者易爛，不經煮。冷了也好吃，其油汁凝固，謂之「鯗凍」，是紹興特有的菜式。品質不好的台鯗，不能用。

粉蒸肉

將半肥半瘦的豬肉塊、炒至黃色的黏米粉和麵醬一塊拌勻，碗底墊幾片白菜，一起蒸。不但是肉，就連白菜也好吃得很。因為沒有湯水，故肉味全在。是江西菜。

燻煨肉

將豬肉用秋油、酒煨好，帶汁裹上木屑，略加燻製，不可太久。這樣做出來的燻煨肉，乾濕參半，香嫩十足。吳小谷廣文家，最精於此菜。

芙蓉肉

　　精肉一斤切片，清醬中蘸一下取出，風乾一個時辰。蝦仁準備四十隻；二兩豬板油切小丁。每片肉上放一隻蝦仁、一塊豬板油，用力壓牢，投入滾水中煮熟便撈起。菜油半斤熬滾，將肉片裝在漏勺裡，用滾油反覆澆淋，直至肉、蝦熟透。將秋油半酒杯、酒一杯和雞湯一茶杯一起煮滾，潑在肉片上，最後撒入蒸粉、蔥末、花椒拌勻。

荔枝肉

　　肉片切成骨牌大小，放入白開水中煮二三十滾，撈出；菜油半斤熬熱，下肉片炸透，撈出，馬上丟入冷水中，一熱一冷，肉片頓時起皺；再撈出，投入鍋內，用酒半斤、清醬一小杯、水半斤，煮爛。

八寶肉

　　豬肉精肥各半，投入白開水中煮一二十滾，然後切成柳葉片。提前備好：小青口肉二兩、鷹爪嫩茶二兩、香菇一兩、花海蜇二兩、去皮胡桃肉四個、筍片四兩、火腿二兩、麻油一兩。先將肉片入鍋，用秋油、酒煨至五成熟，再加以上佐料同煨，海蜇最後才下。

菜花頭煨肉

這道菜裡的菜花頭，是用薹心菜的嫩蕊製成的：稍微先醃一下，再晒乾。

炒肉絲

豬肉去筋、皮、骨，切細絲，用清醬和酒醃片刻。菜油燒熱至冒煙，等白煙變青煙後，再把肉放進去炒勻，要不停地炒，然後下蒸粉，醋只要一滴，糖一小撮，蔥白、韭菜、大蒜一併撒入。炒肉絲有幾條要領：肉量不要多，只炒半斤就好；一定要大火爆炒；全程不加水。另一做法是：用油炒過之後，再用醬汁加酒稍微煨煮一下，起鍋時菜是紅色，放入韭菜會更香。

炒肉片

豬肉精肥參半切薄片，用清醬拌一拌。入熱油鍋中翻炒，聽到肉發出響聲時，馬上加醬加水，下蔥、瓜、冬筍、韭芽等物，必須猛火起鍋。

八寶肉圓

精肥參半的豬肉斬成肉茸，將松仁、香菇、筍尖、荸薺、瓜、薑也斬成茸，加芡粉和勻後捏成糰子，置盤中，倒

入甜酒、秋油，蒸著吃，入口鬆脆。袁致華說：「肉圓宜切不宜斬。」仁者見仁，智者見智。

空心肉圓

將豬肉捶打成泥，用料醃一醃，揉成糰子，用一小團凍豬油作餡，包在肉團裡面蒸熟，豬油融化後滲入肉裡，使糰子空心。鎮江人最擅長此道。

鍋燒肉

將帶皮豬肉煮熟後，放入麻油中炸一下，切成一塊塊的，蘸鹽或清醬吃。

醬肉

將整塊豬肉稍微醃一下，再抹一層麵醬，然後風乾。又或者只用秋油浸醃後，風乾。

糟肉

稍微先醃一下，再加米糟。

暴醃肉

用不多的鹽揉擦，不出三日即可食用。醃製醬肉、糟肉、暴醃肉必須在冬月，春夏不宜。

尹文端公家風肉

現殺的豬卸作八塊，每一塊以炒鹽四錢細細揉擦，使每一寸皮、每一寸肉都要被照顧到。然後就是晾掛 —— 所謂風肉，即有風吹、無日晒之肉 —— 選一個通風背陰處高掛。晾風肉難免起蟲，於蟲蛀處塗上香油即可。到來年夏天就能取下來吃。須先放在水裡泡一晚再煮，煮時水不能太多也不能太少，要剛好淹過肉面。切風肉片要用快刀橫切，不能順著紋理斬斷。尹府晾製的風肉最好，經常用來進貢。現在的徐州風肉，也不知何故，確實不如他家的。

家鄉肉

杭州的家鄉肉，也不都是好的，也分上、中、下三等。但好的，就真的是很好：不鹹，還能那麼新鮮，而且其精肉十分乾脆，盡可橫咬 —— 這已經算是極品了。給它些時間，繼續放下去，會是一塊好火腿肉。

筍煨火肉

冬筍切方塊，再火腿切方塊，加入冰糖一同煨爛。火腿要先焯兩次水去鹹，按照席武山別駕的說法，焯過火腿的原湯不能隨便倒掉，因為火腿肉煮好後，若要留到第二天吃的話，須留原湯，第二天吃的時候將火腿肉投入原湯中滾熱才

好。如果將原湯倒掉,將煮過水的火腿肉乾放一天,風一吹便容易變枯;而且第二天只用白開水煮的話,鹽味勢必就淡了。

〔燒小豬〕

將六七斤重的小乳豬淨毛、除內臟,用叉子叉著放到炭火上去烤。將奶酥油慢慢地塗在豬皮上,須反覆塗、反覆烤,邊烤邊翻轉,要面面俱到,烤到它渾身深黃為止。好的燒小豬口感是酥酥的,次之則脆,若肉緊且硬,必為下品。旗人有單用酒和秋油蒸熟來吃的,也只有我家文龍弟弟頗得其法。

〔燒豬肉〕

燒豬肉一定要有耐性,要先烤肉再烤皮。先烤肉,油汁受熱就會滲入皮內,再烤皮時,皮便鬆脆而不失其味。若是先烤皮,就會將肉裡的油汁逼出,都滴入了火中,這樣烤出來的燒豬肉,皮也焦硬肉也不香。燒小豬也是一樣的道理。

〔排骨〕

取精肥各半的肋條,抽去當中的直骨,以蔥代之,刷上醋和醬放炭火上烤,多刷幾次,但不可烤得太焦。

羅蓑肉

方法跟做雞鬆一樣：將帶皮精肉剝皮，肉斬碎，加佐料，皮覆蓋其上，烹熟。與雞鬆不同的是，肉皮也可以吃。端州有位姓聶的廚師很會做這道菜。

端州三種肉

一種就是羅蓑肉。一種是鍋燒白肉，不加佐料，用芝麻、鹽拌著吃。還有一種，將肉切片煨好之後，拌上清醬吃。這三種菜都是我在端州吃過的家常菜，都是聶、李二位廚師所做的。後來我專門派楊二去學了回來。

楊公圓

楊明府家特製的肉圓，一個就有茶杯那麼大，而口感細膩也是一絕。用它煮湯尤其鮮美，入口如酥。大概的做法是選肥瘦參半的豬肉，去筋去節，切斬極細，再加入芡粉和勻。

黃芽菜煨火腿

選上好的火腿，削下外皮，將火腿肉上的油脂去除。熬雞湯一鍋，先下火腿皮煨軟，再下火腿肉煨軟，然後放入黃芽菜心和菜根，菜根需切成二寸小段；最後加蜂蜜、酒釀和

水，連煨半日。吃起來滿口甘鮮，肉和菜皆入口即化，而黃芽菜心和菜根形狀依然是完好的，絲毫沒有爛在湯裡。湯也美極了。這還是朝天宮裡的一位道士傳授的製法。

▌蜜火腿▌

　　選上好火腿，連皮切成大方塊，用蜜酒煨爛，最好吃。然而市面上的火腿，參差不齊，好壞難料，就連金華、蘭溪、義烏三地，也是有名無實者居多，說是上好火腿，其實還不如醃肉。倒是在杭州忠清裡王三房家，售過一款好火腿，賣到四錢一斤，我得幸在尹文端公的蘇州公館裡吃過一次，隔著窗戶便能聞到火腿的香味，味道也極其鮮美。可惜後來就再也沒吃到過了。

特牲單

雜牲單

牛、羊、鹿三牲，非南方人之家常肉食，然而其做法不可不
知。作〈雜牲單〉。

 雜牲單

牛肉

專選牛腿筋處夾帶的牛肉,不精不肥剛剛好,此肉難得,需多跑幾間肉舖,每間都湊一點。買回來之後,剔去皮膜,用三二比例的酒和水清煨,煨到極爛,加入秋油收湯。牛肉強勢,不可配搭別樣食材。

牛舌

用最好的牛舌,去皮,撕膜,切片,和牛肉一同煨煮。或者冬天將牛舌醃起風乾,來年再吃,味道如同上好的火腿肉。

羊頭

烹羊頭,首先毛要去乾淨,去不乾淨,就用火燎。再將羊頭洗淨,一剖為二,煮爛之後,將骨頭、嘴裡的老皮都去淨。眼睛要取出來,從中間切開,扯去黑皮,眼珠子不用,餘者切成碎丁。最後,用老肥母雞熬湯煮之,加香菇、筍丁,加甜酒四兩、秋油一杯。如果吃辣,可以用小胡椒十二顆、蔥花十二段;如果吃酸,就用好米醋一杯。

羊蹄

羊蹄可按照煨豬蹄的方法去煨,分紅煨和白煨兩種,紅煨用清醬,白煨則用鹽。可以放入山藥同煨。

▌羊羹▐

將熟羊肉斬成骰子小塊，用雞湯煨，加筍丁、香菇丁、山藥丁同煨。

▌羊肚羹▐

羊肚洗淨，煮爛，切絲，仍用煮羊肚的原湯來煨。可酸辣，加胡椒、醋便是。這是北方人的炒法，南方人也學著做，但做不來那麼脆。錢璵沙方伯家的鍋燒羊肉極佳，有機會請教其做法。

▌紅煨羊肉▐

做法和紅煨豬肉一樣。將鑽了孔的核桃放入同煨，可以去膻味。這也是古法。

▌炒羊肉絲▐

跟炒豬肉絲一樣。羊肉切絲越細越好，可以用芡，臨起鍋加蔥絲拌炒。

▌燒羊肉▐

羊肉要大塊，一塊五七斤，用鐵叉子架在火上烤。食之甘美酥脆。難怪宋仁宗半夜餓了，都要「思膳燒羊」！

【全羊】

全羊的做法多達七十二種，能吃的也只不過十八九種而已。好吃的全羊席，雖每一盤每一碗都是羊肉，但味道卻做到了各不相同。這已經屬於屠龍之技了，一般家廚是掌握不了的。

【鹿肉】

鹿肉難求，一旦得著鹿肉，或烤或煨，其嫩其鮮都在獐肉之上。

【鹿筋二法】

鹿筋很難熬爛。食前三日，先用錘子將鹿筋敲打鬆軟，再泡水中煮發，然後撈出絞乾以去除臊味。這個過程得反覆多次。處理好的鹿筋，先用肉汁湯煨，再換雞汁湯煨；加秋油、酒，勾一點點芡收湯。如果不加別的東西，便是白煨，菜為白色，盛入盤中。如果加火腿、冬筍、香菇同煨，便是紅煨，菜為紅色，不收湯，裝進碗裡。白煨要加花椒末。

【獐肉】

獐肉，可照著牛肉、鹿肉的做法去做，也可以做肉乾。獐肉雖然不如鹿肉鮮嫩，但肉質卻比鹿肉細膩。

果子貍

新鮮的果子貍很難得，醃乾的倒是有。食其肉乾，先用米泔水泡一天，洗淨鹽分和臟物，然後加蜜酒釀，蒸熟，快刀切片上桌。吃起來比火腿更嫩，而且更肥。

假牛乳

用雞蛋清拌蜜酒釀，攪拌融洽，上鍋蒸，吃起來又滑又嫩。火候稍遲就蒸老了，蛋清太多也會老。

鹿尾

尹文端公品評天下美食，將鹿尾排在了第一。然而南方人哪能經常吃到鹿尾？雖然也有賣，但那都是從北京大老遠運過來的，不新鮮。我運氣好，曾得著過一根新鮮的鹿尾，還蠻大的，用菜葉包起來，蒸了吃，果然不俗。最好吃的在其根部，有一道厚厚的脂肪，肥膩如漿。

羽族單

　　諸菜皆靠雞湯，雞實乃最大幕後功臣，如善人積陰德而不為人所知。遂以雞領銜羽族之首，而鴨鵝諸禽附於其後，作〈羽族單〉。

【白片雞】

古時祭祀，用不加五味的肉汁，並以清水代酒敬神，謂之「太羹」、「玄酒」。白片雞吃起來應該也是一樣的味道。特別適合下鄉村、住旅店時吃，勞累奔波之際，細烹慢煮之食難解急餓，不如就要一盤白片雞，最省事。煮的時候，水不能太多。

【雞鬆】

取肥雞一隻，只用大腿肉，腿骨剔出備用，不可傷皮。將腿肉剁碎，與雞蛋清、芡粉、松子肉（剁碎後的）一道拌上，用熱香油灼黃，裝進缽頭裡 —— 如果腿肉不夠，還可以添胸脯肉（切丁） —— 加百花酒半斤、秋油一大杯、雞油一鐵勺，加冬筍、香菇、薑、蔥等，最後將雞皮、雞骨蓋在上面，加水一大碗，上蒸籠蒸透。吃的時候，將雞骨、雞皮扒掉，不吃。

【生炮雞】

將雛雞肉斬切成小肉粒，用秋油、酒拌起來，要吃的時候再用滾油去炸。不要想著一次把它炸透，炸一炸就要起鍋，起鍋後又炸，連炸三回，盛起，加入醋、酒、芡粉、蔥花。

雞粥

　　雞粥須選用肥母雞的胸脯肉，去皮後，用刀細刮成肉茸。也可以用刨刀刨，效果是一樣的，但不能斬，因為斬不了那麼細膩。肉茸要入雞湯煮，而前面用剩的雞肉正好可以用來熬雞湯。提前將細米粉、火腿屑、松子肉一齊研碎，吃的時候再下到湯裡。起鍋時放入蔥、薑，澆雞油。有人吃雞粥一定會撈掉裡面的渣，也有人留著渣一起吃，都是可以的。但如果是用刀斬的肉茸，那還是去渣的好，適合老年人吃。

焦雞

　　肥母雞洗淨，整只下鍋煮，加豬油四兩、茴香四個，煮到八分熟，再撈起用香油灼至金黃，然後仍放回原湯中，熬至湯濃，加入秋油、酒、整棵蔥收汁。起鍋後整雞拿出切片，再將鍋內餘留的濃滷澆在肉片上入味，又或者蘸滷吃也行。這是楊中丞家的做法，方輔兄家也做得不錯。

捶雞

　　將整雞捶碎，用秋油和酒煮。南京太守高南昌家做得最精妙。

【炒雞片】

將雞胸肉去皮,切作薄片,用豆粉、麻油、秋油醃拌,再加芡粉、蛋清拌裹上,快下鍋時,再加醬、瓜、薑、蔥花末攪勻。一定要用最猛的火去炒!一盤不要超過四兩,多了的話,火雖旺也難以透矣。

【蒸小雞】

把小嫩雞雛整隻置於盤中,澆上秋油、甜酒,加香菇、筍尖,放在飯鍋上蒸。

【醬雞】

將新鮮整雞一隻在清醬壇裡浸一晝夜,取出風乾。須三九寒天才行。

【雞丁】

取雞胸肉,切成骰子小塊,入滾油中爆炒,加秋油、酒,收湯為滷,放入荸薺丁、筍丁、香菇丁拌炒一下,滷汁黝黑才好。

【雞圓】

將雞胸肉斬碎,揉成酒杯大小的糰子,非常鮮嫩,不輸

蝦圓。揚州臧八太爺家做得最好，訣竅是，肉碎中摻入豬油、蘿蔔、芡粉，再揉圓，不要放餡。

蘑菇煨雞

取口蘑四兩，泡在開水中去沙，換到冷水中漂洗，再用牙刷仔細刷一遍，最後再用清水漂洗四次。洗淨後的蘑菇，用菜油二兩爆炒，熟透後灑上酒，鏟出備用。將雞肉斬塊，下鍋煮沸，滾去血沫，下甜酒、清醬，煨至八分好，再下蘑菇，煨至十分，加筍、蔥、花椒起鍋。不要加水，可用冰糖三錢。

梨炒雞

選小雛雞的胸脯肉，切片；雪梨，切薄片。先用豬油三兩起油鍋，下雞片翻炒幾下，馬上加麻油一瓢，芡粉、鹽花、薑汁、花椒末各一茶匙，再將雪梨片倒進去，加香菇丁，翻炒幾下，起鍋，盛進五寸盤中。

假野雞捲

將雞胸肉斬碎，打入雞蛋一個和勻，用清醬醃浸。將豬油網劃成小方片，每一片放上碎雞肉，包成小包，下滾油中炸透，加清醬、酒等佐料，再加香菇、木耳起鍋，最後撒一小撮糖。

黃芽菜炒雞

整雞切塊，起油鍋生炒（一隻雞用油四兩），至透，倒入酒，煮二三十滾，倒入秋油，再煮二三十滾，再倒入水繼續煮。黃芽菜切塊，分鍋單獨煮熟撈出，視雞肉煮到七分熟，將菜下入雞鍋，滾至雞肉熟透，加糖、蔥、大料。

栗子炒雞

雞肉斬塊，用菜油二兩爆炒，加酒一飯碗、秋油一小杯、水一飯碗，煨至七分熟，將煮熟的栗子和筍一塊放入，再煨至熟透，起鍋，撒一撮糖。

灼八塊

一隻嫩雞斬作八塊，下滾油中炸透，濾去油，加一杯清醬、半斤酒，武火煨，一熟便起，不要加水。

珍珠團

將熟雞胸肉切成黃豆大小的肉丁，用清醬、酒拌勻，丟入乾麵粉中翻滾，黏滿麵粉後下鍋，用素油炒熟。

黃耆蒸雞治療

沒下過蛋的童子雞，現殺，不能沾水洗，掏空腑臟，塞

入黃耆一兩，用筷子架著放鍋裡蒸，鍋要密封嚴實，蒸熟後取出，汁濃肉鮮，可治弱症。

滷雞

圓圖雞一隻，掏空，塞入蔥三十根、茴香二錢，先用酒一斤、秋油一小杯半，滾一炷香時間；倒入開水一斤，下二兩豬板油和雞肉同煨，至雞熟，撈出豬板油不用。繼續煮到湯略收、滷漸濃（只剩一飯碗左右濃滷），才將雞肉撈出，或拆碎或切薄片，拌原滷吃。

蔣雞

取童子雞一隻，佐料用鹽四錢、醬油一匙、老酒半茶杯、薑三大片，同放砂鍋內，隔水蒸爛，去骨，不要放水。這是蔣御史家的做法。

唐雞

兩三斤重的雞，切片，菜油二兩熱鍋，俟油滾，下雞片爆炒至熟透。然後倒入酒，煮一二十滾，再加水煮兩三百滾，再加秋油一酒杯，起鍋時才撒入白糖一錢。這是唐靜涵家的做法。

雞肝

邊炒邊灑入酒、醋，要炒得嫩才好。

雞血

將雞血凝固劃成條狀，加入雞湯、醬醋、芡粉製成羹，於老年人甚相宜。

雞絲

雞肉拆絲，加秋油、芥末、醋，涼拌吃。此為杭州菜，放點筍和芹菜一同拌上，都行。還可以放筍絲，用秋油、酒炒著吃。涼拌用熟雞肉，炒用生雞肉。

糟雞

糟雞和糟肉是一樣的做法。

雞腎

雞腎要三十個，燙微熟，剝皮，用雞湯加佐料煨，鮮嫩一絕！

雞蛋

雞蛋可蒸吃，將蛋液打在碗裡，用竹筷打一千下，蒸出

來絕嫩。也可以煮著吃，煮一滾就老，煮上一千滾，反而嫩。煮茶葉蛋，必須煮上兩炷香時間，可用鹽煮，也可加醬煨，大概一百個雞蛋用鹽一兩，五十個雞蛋用鹽五錢。雞蛋的做法還有很多，或煎或炒，不一而足。用黃雀肉斬碎後，拌上蛋液一起蒸，也好吃。

野雞五法

將野雞胸脯肉削下來，清醬醃浸之後，用豬網油包成方餅或卷子，放到鐵盒上烤著吃，這是一種做法。野雞肉切片，或是單取胸脯肉切丁，加佐料一起炒，這又是一種做法。像家養的雞那樣整隻煨著吃，這又是一種做法。先用油炸熟，再拆成肉絲，加入酒、秋油、醋，和芹菜一起涼拌，這又是一種做法。還有一種做法是，切片涮火鍋吃，要現涮塊吃，但有一個缺點：涮得嫩便入不了味，要想涮到入味，肉又老了。

赤燉肉雞

赤燉肉雞，整雞洗淨切塊，每斤雞肉大約加好酒十二兩、鹽二錢五分、冰糖四錢、桂皮若干，一同置砂鍋中，用小炭火細煨慢燉。如果酒乾了肉還沒燉爛，怎麼辦？那就加清開水（每斤肉約加一茶杯水）接著燉。

【 蘑菇煨雞 】

雞肉一斤,甜酒一斤,鹽三錢,冰糖四錢,新鮮蘑菇(不要有霉點的)適量。用文火煨兩支線香的時間。千萬別加水,蘑菇要等雞肉煨至八分熟再下。

【 鴿子 】

鴿子肉加好火腿一起煨,甚好。不加火腿也好吃。

【 鴿蛋 】

鴿子蛋可煨著吃,方法和煨雞腎一樣。又或者煎著吃也行,還可以加一點點醋。

【 野鴨 】

野鴨肉切厚片,用秋油醃浸;每兩片雪梨夾一片肉,爆炒。以蘇州包道台家做的最妙,但早已失傳了。野鴨蒸著吃也好吃,就和家鴨的蒸法一樣。

【 蒸鴨 】

肥鴨活殺剔骨,腹中灌糯米(一酒杯)、火腿丁、大頭菜丁、香菇、筍丁、秋油、酒、小磨麻油、蔥花,外面淋上雞湯,置盤中,隔水蒸透。此乃真定魏太守家的做法。

鴨糊塗

將肥鴨入水白煮，至八分熟，取出冷卻，剔除骨，鴨肉隨意切成不限大小形狀之塊，仍入原湯中煨煮，加鹽三錢、酒半斤，將山藥拍碎下鍋權當芡粉，煨至鴨肉將爛，再加薑末、香菇、蔥花。如果嫌湯不夠濃，可追加豆粉做芡。山藥也可以換成芋頭，效果一樣好。

滷鴨

將鴨用酒（不用水）煮熟，去骨，就佐料吃。這是高要縣令楊公家的做法。

鴨脯

將肥鴨斬成大方塊，用半斤酒、一杯秋油燜之，加筍、香菇、蔥花，收汁起鍋。

燒鴨

小鴨雛串在叉子上烤。馮道員家的廚師最精通此道菜。

掛滷鴨

水西門許家店的蔥香黃皮掛滷鴨做得最好。鴨子腹內塞蔥，掛在完全密封的爐子裡烤。這在家裡面沒辦法做。烤出

來，鴨皮金黃或黝黑，黃皮的更妙。

乾蒸鴨

杭州商人何星舉家擅長乾蒸鴨，先將肥鴨一隻洗淨斬作八大塊，投入瓷罐中，加甜酒、秋油淹過鴨肉，封實，置乾鍋中，以小炭火蒸，不用水。蒸兩支線香時長，罐中鴨肉不論肥瘦皆爛如泥。

野鴨團

野鴨胸前肉斬細粒，拌入豬油和少量芡粉，揉成肉團，入雞湯中滾煮。或者用本鴨熬製的鴨湯來煮也行。太興孔親家做此道菜甚是精妙。

徐鴨

要一隻鴨，須頭號大的鮮鴨，剖開，清水洗淨，用潔淨乾布擦乾，放入瓦蓋大鉢內。將青鹽四兩，用百花酒十二兩、滾水一湯碗沖化，撇去沉渣浮沫，再兌入七飯碗冷水，鮮薑一兩切成四厚片，一同倒入鴨鉢內，鉢口用皮紙封牢，置大火籠上。火籠內燒大炭吉（約二文錢一個的炭吉，須買上三圓銀錢的，一齊燒透），外罩套包，使熱氣不得走散。炭吉燒透後，不宜中途更換瓦鉢，也不能提前揭封看菜，此

事急不得，如果從吃早飯時燉起的話，那就得燉到天黑才可以，欲速則不透，火候不到則肉味不佳矣。

煨麻雀

捉五十隻麻雀，用清醬、甜酒煨熟後，不要翅和腿，單取胸、頭之肉，帶湯裝盤中，甘鮮異常。其他鳥雀都可以這樣吃，但五十隻活鳥談何容易。薛生白常勸人「勿食人間豢養之物」，就是因為野禽味更鮮，而且易消化。

煨鷃鶉、黃雀

鷃鶉就吃六合產的最好，可以買現成的熟食。黃雀則用蘇州特有的糟加蜜酒煨爛，再下佐料，跟煨麻雀的方法一樣。蘇州沈道員煨的黃雀，整個地化為爛泥，可以連骨頭一起嚼，也不知道他是用了什麼方法煨的。他炒魚片也很精妙。其廚藝之精，全蘇州都公推他為第一。

雲林鵝

倪《雲林集》裡面記載了蒸鵝的方法。一隻整鵝，洗淨後，用三錢鹽擦拭腹內，塞入蔥一大把充實其腹，再以蜂蜜拌酒遍抹鵝身。用竹筷架在鍋裡，倒入一大碗酒、一大碗水，蒸的時候鵝不能沾到鍋裡的酒、水。灶內送入兩束山

茅,緩緩地燒盡就好。等鍋蓋冷了之後,再揭蓋,將整隻鵝翻過來,再蓋上、封好,繼續蒸,這次只需要燒一束山茅,讓它自己燃完,不要撥火。鍋蓋應該用棉紙糊上封實,不時沁水潤之,以防棉紙燥裂。如此蒸出來的鵝肉爛如泥,其湯亦鮮美。還可以用這個辦法蒸鴨,味道一樣鮮美。三束茅柴的重量,每束是一斤八兩。擦拭腹腔的鹽裡面,摻一些蔥末、花椒末,以少量酒和勻。《雲林集》中記載的菜品很多,全都是穿鑿附會罷了,就只有這一道蒸鵝,試了之後確實好吃。

燒鵝

杭州燒鵝,被人笑話,因為經常沒有烤熟。我家廚師烤的都比它好吃。

水族有鱗單

　　吃魚皆需去鱗，唯獨鰣魚不去鱗。我說，有鱗才像魚樣矣。
作〈水族有鱗單〉。

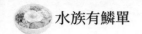

【邊魚】

新鮮的邊魚，加酒、秋油，蒸至玉色乍呈，出鍋前加香菇、筍尖。如果蒸出來是呆白色，說明已經蒸老了，鮮魚變成了死魚。蒸的時候，盤子要蓋好，以免被鍋蓋上的水氣滴到。邊魚煎吃也好吃，只加酒，不加水，鮮美不讓鰣魚，號稱「假鰣魚」。

【鯽魚】

首先得會買鯽魚。要選身子扁平且略帶白色的鯽魚，則肉嫩且鬆，熟了之後輕輕一提，肉便脫骨而下，全掉盤子裡了。一條鯽魚如果長得脊背烏黑、身子渾圓，那就是魚群中的「無賴」，其肉也僵硬，其刺也叢生，千萬不能買。

鯽魚蒸食最妙，方法與蒸邊魚一樣。其次，煎吃也不錯。剔骨拆肉，還可以做羹。通州人最善於煨鯽魚，煨到連骨頭、魚尾都酥爛了，謂之「酥魚」，適合小孩子吃。然而都不如蒸食最得鯽魚真味。

六合龍池產的鯽魚，越大越嫩，怪哉。蒸鯽魚要用酒，而不是水，放一點點糖，可以提鮮。再就是要根據魚的大小，酌情判斷秋油和酒的用量。

【白魚】

所有魚裡面，要數白魚的肉最細。將白魚、酒釀鰣魚一起蒸，最好吃。冬天吃白魚，可以稍微先醃一下，再用酒糟泡兩天，亦好。我在江中網到過鮮白魚，用酒蒸著吃，妙不可言。不過總的來說，還是酒糟白魚最好吃，泡兩天即可，泡久了肉就木了。

【季魚】

季魚骨少，最適合炒魚片。切片要薄，用秋油醃浸後，以芡粉、蛋清拌裹，下油鍋炒，加佐料，再炒。油要用素油。

【土步魚】

杭州人將土步魚奉為上品，然而金陵人卻很瞧不上牠，說牠「虎頭蛇身」，長得比較搞笑。其實土步魚雖其貌不揚，肉質卻最為鬆嫩，你可以煎牠、煮牠、蒸牠，都好吃。加醃芥菜做湯，或者做羹，尤其鮮。

【魚鬆】

將青魚、鯶魚蒸熟後，拆肉入熱油灼黃，加鹽花、蔥、花椒、瓜、薑。冬天用瓶子密封，逾月不壞。

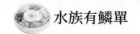

魚圓

白魚、青魚現殺，剖作兩半，用釘子固定在砧板上，刮肉離骨；將魚肉斬至糜，拌入豆粉、豬油，用手抓勻；倒入一點鹽水，不要加清醬，加入蔥花、薑汁，揉成魚圓。魚圓製作完畢，先入沸水中煮熟，然後撈起，泡在冷水裡「養」著，要吃時才放入雞湯、紫菜滾煮。

魚片

取青魚、季魚切片，用秋油醃浸，再加芡粉、蛋清，起油鍋爆炒，用小盤盛起，再撒些蔥、椒、瓜、薑。一盤魚片，最多不過六兩，否則火力難透。

鰱魚豆腐

大鰱魚先煎熟，然後下豆腐，灑入醬、水、蔥、酒一道滾煮，湯色半紅就馬上起鍋，魚頭尤其鮮美。此為杭州菜式。用多少醬，要視魚的大小而定。

醋摟魚

鮮活青魚切大塊，用油一灼，醬、醋、酒一灑，一熟便起鍋，不必收汁，湯多才妙。這可是西湖畔五柳居當年最有名的菜，而現在的五柳居醋摟魚哪裡還吃得？其醬味難聞，

魚也不鮮，簡直是過分！唉，所謂的宋嫂魚羹，徒有虛名罷了，看來《夢粱錄》也不足為信啊。做醋摟魚，選魚很重要，太大則不入味，太小則刺又多。

銀魚

銀魚出水時，又叫「冰鮮」。可加雞湯、火腿湯煨，又或者炒著吃，甚嫩。銀魚乾用水泡軟，加醬水炒，亦妙。

台鯗

台鯗好壞不一。最好的產自台州松門，肉質軟而鮮肥。台鯗拆碎，可直接當小菜吃，無須再煮。還可以同新鮮豬肉一起煨，必須等肉爛透之後再放鯗，否則鯗會煮化掉，消遁無形。紹興人也做台鯗煨肉，但他們喜歡冷吃，謂之「鯗凍」。

糟鯗

取大鯉魚一條，醃後晾乾，以酒糟泡壇中，封實。須冬天製作，夏天再吃。不能用燒酒去泡，太辣了。

蝦子鱭鯗

夏日選白淨、帶籽的鱭魚，放水裡養一天，淡去海鹹味，然後置太陽底下曝晒成鱭鯗。起油鍋，下鱭鯗煎至一面

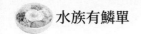

黃，取起，另一面鋪上蝦籽，放盤中，加白糖，蒸一炷香時間。三伏天吃，絕妙。

魚脯

活青魚去頭尾，斬小方塊，用鹽醃透，風乾。入鍋油煎，加佐料收滷，最後放入炒熟的芝麻，滾拌兩下起鍋。這是蘇州人的做法。

家常煎魚

家常煎魚要有耐心，先將鯇魚洗淨切塊，鹽醃，壓扁，然後下油鍋煎，煎至兩面黃時，多放酒和秋油，以文火慢慢滾，最後再收湯留滷，使佐料之味全入魚中。不過，這個方法只是針對死魚而言。如果是鮮魚，還是速速起鍋為妙。

黃姑魚

岳州出產的小魚，長二三寸，晒成魚乾寄來。剝去魚皮，放酒，在飯鍋上蒸熟，味道最鮮，謂之「黃姑魚」。

水族無鱗單

　　無鱗的魚，其腥加倍，須以薑和桂皮鎮之，特別用心烹之。
作〈水族無鱗單〉。

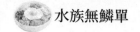

湯鰻

烹鰻魚最忌剔骨，正如蒸鰣魚不可刮鱗，因為鰻魚天生腥氣很重，不可以過分招惹，以免喚起牠的邪味而失去牠的鮮美。

鰻魚清煨就很好。以河鰻一條，洗淨涎液，斬寸段，入瓷罐中，加酒水煨爛，再轉入鍋中，下秋油，加新醃的芥菜做湯，多放蔥、薑，可殺腥。常熟顧比部家，用芡粉、山藥和鰻魚一塊乾煨，也很妙。或將鰻魚筆直放置盤中，加佐料，不加水，蒸熟。我家姪兒致華分司（袁致華曾任淮南分司）蒸的最好吃了。佐料只用秋油和酒，四六開，兌在一起要淹過鰻魚，蒸的時間須精準，稍久皮就會起皺，鮮味全失。

紅煨鰻

鰻魚用酒、水煨爛，然後加甜醬（而非秋油）收湯煨乾，加茴香、大料起鍋。做這道菜要防止三點：一魚皮起皺，皮便不酥；二肉是散的，上不了筷；三過早下鹽豉，使肉入口不化。此菜要數揚州朱分司家做的最精到。大抵來說，所謂紅煨，最好煨到湯乾滷紅，使滷味充分進入鰻魚肉中。

炸鰻

選大條的鰻魚，去首尾，斬寸段，用麻油炸熟後撈出。蓬蒿菜只要嫩尖，仍用炸鰻魚的麻油炒熟，然後將鰻魚倒入，平鋪在菜上，加佐料，煨一炷香時間。每一斤鰻魚，用蓬蒿菜半斤。

生炒甲魚

將甲魚去骨，用麻油爆炒，加秋油、雞湯各一杯。這是真定魏太守家的做法。

醬炒甲魚

甲魚煮至半熟，去骨，起油鍋爆炒，加醬水、蔥、花椒，收湯成滷，然後起鍋。這是杭州人的做法。

帶骨甲魚

既然要「帶骨」，則甲魚宜小不宜大（有一種俗稱「童子腳魚」的小甲魚最嫩），要一個半斤重的，斬作四塊，加板油三兩起油鍋，甲魚煎至兩面黃，加水、秋油、酒煨煮，先武火，後文火，煨至八分熟再加蒜，起鍋時撒入蔥、薑、糖。

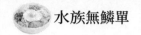

【青鹽甲魚】

將甲魚斬作四大塊，先起油鍋炸透，再加佐料煨煮 —— 一般來說，每斤甲魚用酒四兩、大茴香三錢、鹽一錢半 —— 煨至五分好，下豬油二兩，將甲魚切成豆子小塊再煨，加蒜頭、筍尖，最後下蔥、花椒起鍋。也可以用秋油，那就不用放鹽。這是蘇州唐靜涵家的做法。甲魚大則肉老，太小則腥，必須買不大不小的才好。

【湯煨甲魚】

將甲魚白煮，去骨殼，肉拆碎，用雞湯、秋油、酒煨湯兩大碗，收至一碗時起鍋，撒入蔥、花椒、薑末。吳竹嶼家做的最好吃。稍微勾點芡，湯才夠黏稠。

【全殼甲魚】

山東楊參將家裡烹甲魚，將頭和尾斬去不要，只取肉和裙邊，加佐料煨好後，又將殼蓋回去。上菜時，一個小盤裡裝一隻甲魚，客人看到都要嚇一跳，還生怕牠是活的。可惜不肯傳授其做法。

鱔絲羹

將鱔魚煮到半熟後，取出，去骨切絲，用酒和秋油煨煮，加一點點芡粉，然後加入真金菜、冬瓜和長蔥，做成羹。南京的廚師們動輒把鱔魚煎得像炭一樣，很令人費解。

炒鱔

鱔魚切絲，炒至略焦，不要加水。跟炒肉雞的方法一樣。

段鱔

鱔魚切寸段，如煨鰻魚法煨之，又或者先用油煎硬，再用冬瓜、鮮筍、香菇做配菜，用少許醬水，多用薑汁。

蝦圓

蝦圓可按照魚圓的方法，用雞湯煨煮，或乾炒亦可。蝦肉若捶得太爛，真味全失，做魚圓也是如此。要不就乾脆直接剝出蝦仁，拌紫菜，也很好吃。

蝦餅

將蝦肉捶爛，揉成團煎熟，是為蝦餅。

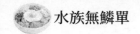

【 醉蝦 】

鮮蝦帶殼用酒煎黃後撈起，再加清醬、米醋煨之。起鍋後，放入深腹碗中悶著。要吃的時候，才放入盤中，這時連蝦殼都已經酥爛。

【 炒蝦 】

照炒魚的方法來炒蝦，可配韭菜。或者加冬醃芥菜炒之，那就不能放韭菜。有人將蝦尾捶扁後，不放任何配菜單炒，這倒是很新奇！

【 蟹 】

蟹宜寡吃，無須配菜。用淡鹽水煮螃蟹最好吃，自己剝給自己吃，妙不可言。至於清蒸螃蟹，雖說保留了真味，但還是略嫌清淡。

【 蟹羹 】

將煮熟的螃蟹剝殼，再用原湯將蟹肉煨成羹，不要加雞湯，保持蟹味的純粹為妙。見過有庸廚往裡面加鴨舌，或魚翅，或海參，不僅糟蹋了螃蟹的真味，還讓人吃得一嘴的腥氣，低劣之極！

炒蟹粉

要現剝現炒才好。剝了殼的蟹肉晾上兩個時辰就變得乾巴巴的了，也沒了那味道。

剝殼蒸蟹

將蟹剝殼後，只取蟹肉、蟹黃，仍放回空殼中。一道菜只做五六隻，放在生雞蛋上面，然後放入蒸籠同蒸。上桌時，蟹身仍較完整，只是少了鉗和腿，感覺比炒蟹粉更有新意。楊蘭坡明府以南瓜肉拌蟹蒸，也很新奇。

蛤蜊

剝殼，蛤蜊肉同韭菜炒，好吃。也可以做湯，但不宜久煮，久則枯。

蚶

蚶有三種吃法。一用熱水燙開殼，趁肉半熟，用酒和秋油「灌醉」牠；二用雞湯滾熟之後，去殼入湯；三去蚶殼，剝肉做羹。其要訣都在起鍋要快，稍遲則肉枯。蚶產於奉化縣，等級在車螯、蛤蜊之上。

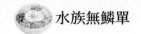

【車螯】

先將五花肉切片，加佐料燜爛。將車螯洗淨，用麻油炒一炒，然後將五花肉連湯滷一塊倒入同烹。要多放秋油，才夠味。也可以加豆腐。車螯從揚州運來，怕在路上變味的話，可以剝殼取肉，置豬油中，就不怕路途遙遠了。有晒乾的車螯肉，也好吃，放入雞湯中煮，味道在蟶乾之上。車螯還可以捶肉做餅，像煎蝦餅那樣煎熟拌佐料吃，也好吃。

【程澤弓蟶乾】

商人程澤弓家自製的蟶乾，須用冷水泡一天，再用滾水煮兩天才能發開，期間得換五次水。原本一寸大小的蟶乾，完全發開之後，足足有兩寸，仍像鮮蟶一樣鮮嫩，這時才可以放入雞湯煨煮。揚州人紛紛學他，但都望塵莫及。

【鮮蟶】

烹法和車螯一樣。或者不用五花肉，單炒也可以。又想起何春巢家做的蟶湯豆腐，竟成了我吃過的最好吃的一道蟶餚。

【水雞】

單取水雞腿，先用油灼一下，再加秋油、甜酒、瓜、薑起鍋。或者水雞肉切碎炒，味道似雞肉。

燻蛋

將雞蛋加佐料煨好，微微燻乾，切片放盤中，可以當下飯菜。

茶葉蛋

雞蛋一百個，用鹽一兩，加粗茶葉煮，時長為兩支線香。如果只煮五十個雞蛋，就用五錢鹽，以此類推。可以當點心吃。

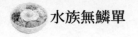

雜素菜單

　　菜有葷素，正如衣服分表裡。其實富貴之人，愛吃素菜多過葷菜。作〈素菜單〉。

蔣侍郎豆腐

豆腐兩面去皮,每塊切成十六片,晾乾。豬油熱至青煙起,將豆腐片下油鍋,撒鹽花一撮,翻面,用好甜酒一茶杯、大蝦米一百二十個;沒有大蝦米,就用小蝦米三百個。先將蝦米滾泡一個時辰,然後加秋油一小杯,再滾一回,加糖一小撮,再滾一回,最後下半寸長的細蔥段一百二十段,緩緩起鍋。

楊中丞豆腐

將嫩豆腐煮去豆腥,放入雞湯,和鮑魚片一同滾上幾刻鐘,加糟油、香菇,起鍋。切記,雞湯須濃,鮑魚片要薄。

張愷豆腐

將蝦米搗碎,和在豆腐裡,起油鍋,加佐料乾炒。

慶元豆腐

豆豉一茶杯,用水泡爛,撈出與豆腐同炒,即可起鍋。

芙蓉豆腐

將豆腐腦用井水浸泡三次,去豆腥,入雞湯中滾煮,起鍋時加紫菜、蝦肉。

王太守八寶豆腐

將嫩片豆腐切至極碎（或直接用豆腐腦），加香菇屑、蘑菇屑、松子仁屑、瓜子仁屑、雞肉屑、火腿屑，一同投入濃雞湯中拌炒，及滾，起鍋。吃的時候要用瓢舀，筷不能夾矣。孟亭太守說：「這還是聖祖康熙爺賞賜給徐健庵尚書的食方，尚書去御膳房領取這方子的時候，可花了一千兩銀子呢！」太守的祖父樓村先生是徐健庵尚書的門生，這才有機會得到此方。

程立萬豆腐

乾隆二十三年在揚州，我和金壽門上程立萬家裡吃煎豆腐。那豆腐煎得兩面乾黃，不見半點湯汁醬滷，吃起來如有絲縷車螯的味道在，然而盤子裡並沒看到車螯，也無任何配料。第二天，我講給查宣門聽，查說：「這還不容易？我會做啊，請你吃就是了！」不久，拉著杭董莆一道去了查家。才吃了一筷子，我就笑，這哪裡是什麼豆腐，純粹是用雞、雀的腦髓做的假豆腐，肥膩難嘛。這盤「豆腐」造價可不菲，然而味道卻比程家的差遠了。只可惜，因為家妹去世，我急忙趕回了南京，臨行也顧不上去程家辭別，並向他請教食方。程第二年也去世了。未得其法，我悔憾至今。仍存留菜名於此，以便日後有機會再訪能者。

【凍豆腐】

將豆腐凍上一夜，切作方塊，入水煮去豆腥味，再加雞湯、火腿湯、肉湯煨煮。上桌時再撈去湯裡面的雞肉、火腿之類，佐料只留香菇和冬筍。新鮮豆腐一直煮，也可以變得跟凍豆腐一樣蓬鬆多孔。所以說，炒豆腐宜嫩，煮豆腐宜老。致華分司家用蘑菇煮豆腐，在夏天也可以按照煮凍豆腐的方法來煮，只是千萬不可以加葷湯，那樣反而失去了豆腐的清淡。

【蝦油豆腐】

用陳年蝦油代替清醬炒豆腐。須煎至兩面金黃。油鍋要熱，用豬油，加蔥、花椒起鍋。

【蓬蒿菜】

擇嫩尖，用油燙蒿，入雞湯中滾煮，起鍋時再放一百朵松菌。

【蕨菜】

蕨菜只留直莖，摘除頂部的枝葉（沒什麼好可惜的），洗淨煨爛，再用雞肉湯煨。買蕨菜一定要買短的，短的肥。

【葛仙米】

將葛仙米淘洗乾淨,先用水煮半爛,再用雞湯、火腿湯煨煮。上菜時,不要有雞肉、火腿摻雜,最好整盤只見葛仙米。陶方伯家做這道菜最精到。

【羊肚菜】

羊肚菜產自湖北,吃法跟葛仙米一樣。

【石髮】

做法與葛仙米相同。夏天用麻油、醋、秋油拌食,也很好吃。

【珍珠菜】

做法和蕨菜一樣。是新安江上游的特產。

【素燒鵝】

山藥煮爛熟,切寸段,豆腐皮裹之,下油鍋煎,加秋油、酒、糖、瓜、薑,煎至色紅皮亮,若烤鵝。

【韭】

韭，葷菜專用也。只摘韭白，和蝦米炒一炒，便是一道好菜。又或者炒鮮蝦也可以，炒蜆也可以，豬肉也可以。

【芹】

芹，素菜專用也，越肥越好。摘除青枝綠葉，只留白色的梗子，與筍配，炒熟即可。如今竟有人用芹菜來炒肉，就好比引清流入濁水，不倫不類。芹菜要熟才好，半生不熟雖然上口脆，但完全不入味。也有人用生芹菜涼拌野雞肉，那又另當別論。

【豆芽】

豆芽柔且脆，我就很愛吃豆芽。炒著吃，一定要熟爛，才能入味。豆芽配燕窩，正好以柔配柔，以白配白。然而，它同時又是以極賤配極貴，所以很多人對這種吃法都嗤之以鼻，他們不知道，唯有巢父、許由的德行才能配得上唐堯、虞舜啊！

【茭白】

茭白炒肉、炒雞都好吃。茭白切圓段，塗醬醋烤熟吃，尤其妙。煨肉吃也不錯，茭白須切片，片長約寸許。剛剛長出來的茭白不要採，太細，而且無味。

【青菜】

可選嫩青菜，和筍炒。夏天吃，拌芥末，加點醋，有醒胃之用。青菜加火腿片煮，可以做湯。必須是現摘的青菜才軟。

【薹菜】

炒薹菜心非常柔嫩，剝去外皮，加蘑菇、新筍煮湯。或與蝦仁同炒，亦好。

【白菜】

白菜炒熟就行，或與筍煮也可以。加火腿片煮，入雞湯煮都可以。

【黃芽菜】

黃芽菜還是北方的好。或用醋溜，或加蝦米煮，一熟便吃，稍一煮久則色、味均差矣。

【瓢兒菜】

炒瓢菜心，要乾炒才鮮，不能有湯。若逢雪天，菜在地裡經雪一壓，炒出更軟。王孟亭太守家炒的瓢菜心最好。就用豬油來炒，不配別的菜。

【菠菜】

菠菜肥嫩,加醬水跟豆腐一煮,就是杭州人所謂的「金鑲白玉板」。像菠菜這樣雖瘦猶肥之物,大可不必再加筍尖、香菇同煮。

【蘑菇】

蘑菇不僅可以做湯,炒著吃也好吃。但口蘑特別容易藏沙子,更加容易受霉,必須合理儲藏,料理得當。雞腿菇便容易收拾些,也更加方便料理。

【松菌】

松菌和口蘑一起炒最好吃。或者就秋油泡松菌,也好吃。唯一的缺點是,稍微放久就不新鮮了。但它又能入百菜而助鮮,還可以入燕窩做底墊,因為它嫩。

【麵筋二法】

一法:麵筋入油鍋炸乾,再用雞湯、蘑菇清煨。另一法:不炸,用水泡一泡,切條,放濃雞湯炒,加冬筍、天花菜。這是章淮樹道員家最擅長的做法。裝盤時將麵筋條隨意撕成不規整的小塊(不宜刀切)。又或者將蝦米和麵筋一塊泡發,然後撈出,用甜醬炒,甚好。

茄二法

吳小谷廣文家，將整茄削皮，滾水泡去苦汁，先用豬油炸（必須瀝乾了水方可油炸），然後加甜醬水乾煨，非常好吃。盧八太爺家則不去皮，切作小塊，油中灼至微黃，再加秋油爆炒，也好吃。但這兩種方法（我都學會了）還是不能窮盡茄子全部的妙處。唯有用我自己的土辦法，將茄子整條蒸爛、劃開，用麻油、米醋拌上，夏間吃來還頗覺可口。或者置炭火上煨烤，做成乾茄脯，裝在盤子裡，隨時可以吃。

莧羹

莧菜只摘嫩尖，乾炒；加蝦米或蝦仁，更好。一定是乾炒，不能有湯。

芋羹

芋頭性情柔膩，入葷菜素菜都可以。或者切碎佐鴨羹，或者煨肉，或者加醬水與豆腐同煨。徐兆璜明府家專選小芋頭，入嫩雞，醬汁熬煮，妙極！可惜沒有傳授他的做法，大概是只用佐料，不加水吧。

【豆腐皮】

將豆腐皮泡軟，加秋油、醋、蝦米拌上，適合夏天吃。蔣侍郎家用它來佐海參，頗妙。豆腐皮加紫菜、蝦肉做湯，也很搭。或用蘑菇、筍煮清湯，煮爛起鍋，亦好。蕪湖敬修和尚將豆腐皮捲成筒狀再切段，熱油微炸，放入蘑菇煨爛，極好，但不得用雞湯煨。

【扁豆】

扁豆現採，放點肉，加水炒，熟後將肉扒除，只吃扁豆。不放肉的話，單炒也可以，須重油才好吃。好的扁豆又肥又軟，而瘠地裡種出來的扁豆，就是扁趴趴的，多毛少肉，不好吃。

【瓠子、王瓜】

將草魚切片，先炒，後加瓠子，倒入醬汁煨。王瓜亦然。

【煨木耳、香蕈】

揚州定慧庵的僧人，能將木耳煨到兩分厚，將香菇煨到三分厚。事先用蘑菇熬湯做滷。

〖冬瓜〗

冬瓜的用途最廣,伴燕窩、魚肉、鰻、鱔、火腿都可以。揚州定慧庵煮的冬瓜尤其好,不用葷湯,紅若血珀。

〖煨鮮菱〗

煨鮮菱要用雞湯滾煮,上菜時將湯倒掉一半。鮮菱生池中,浮出水面的才嫩,現採現吃才鮮。加新摘的栗子、銀杏煨爛,尤其好。也可以放糖。還可以做點心吃。

〖豇豆〗

選最嫩的豇豆,撕去兩側的筋條,同肉炒,臨上菜時扒掉肉,只留豇豆。

〖煨三筍〗

將天目筍、冬筍、問政筍,入雞湯同煨,謂之「三筍羹」。

〖芋煨白菜〗

將芋頭煨至極爛,再放入白菜心,加醬水調和,這就是最好的家常菜了。但必須是剛剛摘的又肥又嫩的大白菜,儲存的人白菜水分沒那麼多,葉色轉青的也不要,說明已經老了。

香珠豆

好毛豆煮熟，浸蘸秋油和酒，剝殼吃也行，帶殼嚼亦可，同樣香軟可愛。但必須是八九月間晚收的毛豆，其莢寬大、顆粒飽滿且愈發鮮嫩，號稱「香珠豆」。若非此時節的毛豆，稀鬆平常，不值一吃。

馬蘭

馬蘭頭菜，摘取嫩者，加醋，和筍拌食。此物醒脾，所以吃完油膩的東西之後，吃它最好。

楊花菜

南京三月有楊花菜，柔而脆，像菠菜，名字很雅緻。

問政筍絲

問政筍，即杭州筍。而徽州人從老家送來的，大多是淡筍乾，只好先將它泡發了，再切絲，用雞肉湯煨著吃。龔司馬用秋油煮筍，烘乾上桌，連徽州人吃了都很驚訝，才知問政筍竟如此鮮美。我笑他們「恍若大夢初醒」。

炒雞腿蘑菇

蕪湖大庵的和尚們，將雞腿洗淨，蘑菇洗去沙，加秋油、酒一起炒熟，裝盤宴客，非常好吃。

豬油煮蘿蔔

用熟豬油炒蘿蔔，加蝦米煨至熟爛，加蔥花盛起，色如琥珀。

小菜單

　　小菜能佐主食，好比小吏、衙役輔佐六官。醒脾胃、解濁氣，全在它。作〈小菜單〉。

筍脯

筍脯到處有賣，自家園林裡自採自烘的才最好吃。將鮮筍加鹽煮熟後，上籃烘烤，須晝夜留意火候，稍有不旺，烘出來的筍脯就會散發一股酸臭。煮的時候，如果還加了清醬的話，烘出來顏色會有一點發黑。春筍、冬筍都可以烘製。

天目筍

天目筍乾大多在蘇州發售。商販將筍裝在小簍裡，底下難保不摻雜些老根硬節，而專留最好的蓋在上面，所以看上去簍簍都是好筍。可以專買簍面上的那幾十根好筍，每個商販那裡湊一點，集腋成裘，但必須出高價才成。

玉蘭片

用冬筍片烘製而成，加了一點蜂蜜在裡面。蘇州孫春楊家的玉蘭片有鹹、甜兩種口味，鹹者更勝。

素火腿

處州筍脯，亦即處片，號稱「素火腿」，放久了嫌硬，還不如自己買些毛筍來烘製。

宣城筍脯

用宣城筍尖加工而成，色黑肉肥，與天目筍大同小異，極好。

人蔘筍

將細筍烘製成人蔘形，加一點點蜂蜜水。揚州人視若珍饈，所以價格也比較昂貴。

筍油

用十斤筍，蒸一天一夜，將筍節貫通，鋪在板上，上面再蓋一塊板用力壓榨，就像做豆腐一樣，流出來的汁水，加炒鹽一兩，便是筍油。而筍肉晒乾後照樣可以做筍脯，兩不誤。天台山僧人每年都要榨些筍油，用來送人。

糟油

糟油產於江蘇太倉州，陳年彌香。

蝦油

買蝦籽數斤，和秋油熬煮，起鍋後，用一塊布濾去秋油，蝦籽就以此布包裹，藏入罐中用油浸泡。

▌喇虎醬▐

將秦椒搗爛,和甜醬蒸,亦可摻入蝦米同蒸。

▌燻魚子▐

燻魚子出自蘇州孫春揚家,色如琥珀,油要多多的才好。所以越新越妙,因其油多。放得越久,則油枯而變味。

▌醃冬菜、黃芽菜▐

醃冬菜、黃芽菜,味道淡一點吃著才鮮,鹹了就不好吃了。但是若想放得久,沒有鹽味又不行。我曾醃過一大壇,三伏天開壇,上半截都漚爛變臭了,而下半截卻香美異常,色白如玉。所以說看人不能光看外表,這話說得太對了。

▌萵苣▐

萵苣的兩種吃法:用醬一醃就吃,口感鬆脆可愛;或者醃成菜乾切片吃,味甚鮮美。兩者都是宜淡不宜鹹。

▌香乾菜▐

春芥心風乾後,只取梗子,淡醃,晒乾,加酒、糖、秋油,拌一拌再蒸熟,再風乾,裝入瓶中。

【冬芥】

冬芥，又名雪裡蕻。可整棵醃製，以淡醃為佳。另一種吃法：只要菜心，風乾後斬碎，醃入瓶中，用它佐魚羹極鮮。又或者將冬芥用醋稍煨，下鍋煮一煮做成辣菜也行。煮鰻魚、鯽魚的時候，放點芥辣菜，最好吃。

【春芥】

取芥菜心風乾、斬碎，醃熟後裝入瓶中，謂之「挪菜」。

【芥頭】

將芥菜頭切片，與芥菜一起醃，甚脆。又或者不切片，整個醃，然後晒成菜乾，味道尤其好。

【芝麻菜】

其實還是芥菜，醃熟晒乾，斬到極碎，蒸來吃，謂之「芝麻菜」。適合老年人。

【腐干絲】

將上好的豆腐干，切絲如髮，用蝦籽、秋油拌之。

 小菜單

風瘻菜

將冬菜心風乾後醃浸，擰乾，裝小瓶中，用泥封實，倒放灶灰上。要放到夏天才拿出來吃，顏色已經發黃，聞起來香。

糟菜

將醃過的風瘻菜用菜葉包起來，包好一包，就在上面鋪一層酒糟，然後疊放在罈子內裡。食用時，拿出一包拆開即吃，糟本身不會沾在菜上，而糟味卻沁入菜裡。

酸菜

冬菜心風乾，加糖、醋、芥末微醃，連滷裝入罐中，可以加一點點秋油。酒席上，客人吃得酒足飯飽的時候，上這道菜最好，有醒脾解酒之用。

薹菜心

取春天的薹菜心，醃製後擠乾滷汁，裝在小瓶中，夏天吃。薹菜心的花風乾後，就叫「菜花頭」，可以煮肉吃。

大頭菜

南京承恩寺產的大頭菜，越陳年的越好。用它炒葷菜，最能激發出肉鮮。

蘿蔔

大肥蘿蔔醬上一兩天，吃起來甜脆可愛。有姓侯的尼姑能將整個蘿蔔剪成蝴蝶薄片，晒成蘿蔔乾後，首尾一拉能伸至一丈長，而且仍然接連不斷，非常神奇。承恩寺有賣酸蘿蔔的，用醋泡酸，泡得久才好吃。

乳腐

蘇州溫將軍廟前面有一家，做得很不錯，其腐乳呈黑色，味道鮮美。腐乳有兩大風格：乾腐乳和濕腐乳。有一種蝦籽腐乳，也特別好吃，美中不足是略腥了一點。最好的還是廣西的白腐乳。此外，王庫官家製作的腐乳也很好。

醬炒三果

核桃肉、杏仁去薄皮，榛子不必去皮，一同炸脆，再下醬料，即可。不能炸得太焦，醬也須視分量而加減。

醬石花

將石花洗淨醃入醬中，臨吃前再洗去醬滷。又叫麒麟菜。

石花糕

將石花熬爛成膏，用刀劃成小塊，顏色很像蜜蠟。

小松菌

將小松菌用清醬滾熟，收汁，拌入麻油後裝罐儲存。必須兩天內吃完，放久就變味了。

吐蚨

吐蚨的產地在興化、泰興。選天生極嫩者，浸入酒釀中，加糖，它吃了糖，就會乖乖地吐出油來。吐蚨雖名「泥螺」，但是沒有泥的才好。

海蜇

嫩海蜇，用甜酒浸泡，頗有風味。海蜇光滑的部分叫「白皮子」，可以切絲，拌酒、醋吃。

蝦子魚

蝦子魚產於蘇州，剛孵化的幼魚，身上即有魚子。更適合鮮吃，好過晒作魚乾。

醬薑

取嫩生薑微醃，先後用粗醬、細醬共塗上三層方可。古法有在醬中放一隻蟬殼，可保嫩薑久放不老。

【醬瓜】

將瓜稍醃過，風乾上醬，做法跟醬薑一樣。做得好的，又甜又脆，而甜很容易，難得的是脆。杭州施魯箴家做得最成功。據說是上醬之後，晒乾，又醬，所以它的皮又薄又皺，上口極脆。

【新蠶豆】

選較嫩的新蠶豆，和醃芥菜一起炒著吃，甚妙。但必須是剛剛摘的蠶豆才好。

【醃蛋】

高郵的醃蛋好，開一個，紅彤彤的，流很多油！高文端公最愛吃醃蛋，常常推己及人，一開席就先夾塊醃蛋敬客人。醃蛋裝盤，應該帶殼切開，每一片都有黃有白，不能光上一盤蛋黃，那味道就不全了，而且蛋油會流得到處都是。

【混套】

雞蛋殼開小洞，倒出蛋液，蛋黃不用，在蛋清裡拌入煨好的濃雞湯，用筷子不停拌打，使蛋清和雞湯充分融合，然後再裝入蛋殼中，用紙封住洞口，上飯鍋蒸熟。剝去外殼，又是活脫脫的一枚熟雞蛋，味極鮮美。

茭瓜脯

將茭瓜用醬稍醃，取出，晾乾，切片，製成脯，跟筍脯相似。

牛首腐干

牛首山上的僧人做的豆腐干好吃。山下也有七家在賣豆腐干，但做得好的只有曉堂和尚一家。

醬王瓜

初長成的王瓜，選較細嫩的入醬醃。脆而鮮。

點心單

　　「點心」由來久矣，梁昭明即以點心為小食，唐人鄭傪之妻勸
叔「且點心」。作〈點心單〉。

鰻麵

大鰻魚一條蒸爛，拆肉去骨，入麵和勻，倒入雞湯揉成麵糰，擀皮，用小刀劃作細條，投入煮開的雞湯、火腿湯、蘑菇湯中滾煮。

溫麵

先將細麵用滾湯煮熟，撈起瀝乾，裝碗中；將雞肉和香菇炒作濃滷，舀一瓢淋麵上，拌勻了吃。

鱔麵

用鱔魚熬湯滷，再放麵條進去滾煮。這是杭州人的吃法。

裙帶麵

用小刀切麵成條，稍寬，謂之「裙帶麵」。吃裙帶麵，湯宜多，麵一點點，碗中當見湯不見麵，寧可讓客人吃完再加。所謂「引人入勝」，就是這個道理吧。此法在揚州盛行，也是有它的道理的。

素麵

頭一天用蘑菇菌蓋熬滷，沉澱一日；次日再用筍熬滷，兩滷同滾，放麵條煮。揚州定慧庵的僧人們用這個方法煮的素

麵極其精妙，但不肯傳人。不過按上述步驟去做，也能做個八九不離十。有人說，定慧庵的素麵滷之所以是純黑色的，是因為僧人們暗暗用了蝦滷、煮蘑菇的原湯，僧人們只是將其沉澱、去泥沙，而並沒有重新換水，一換水，原味便薄了。

蓑衣餅

和麵需用冷水，水不可多，揉好擀薄一遍，捲攏再揉，再擀薄了，均勻地抹上豬油，撒上白糖，再捲攏再揉，再擀成薄餅，下煎鍋用豬油煎黃。如果要吃鹹的，就把糖換成蔥、椒、鹽。

蝦餅

生蝦肉，蔥、鹽、花椒、甜酒腳少許，加水和麵，一塊攪上，用香油炸透。

薄餅

山東孔藩臺家攤的薄餅，薄若蟬翼，大若茶盤，吃在嘴裡柔軟細膩，令人叫絕。家僕按照他傳授的方法去做，效果相去甚遠，不知何故。秦人所做「西餅」，也堪稱一絕：一個小錫罐，裡面竟然裝有三十張餅，宴客的時候，每位客人發一罐就行了。那餅小得，手指頭捏著，恰似柑餅一枚。錫

罐上還有一個小蓋，裡面裝的是餅餡，有炒肉絲，豬肉絲、羊肉絲都有，還有蔥絲，全都細若髮絲。

鬆餅

南京蓮花橋教門方店，製鬆餅最好。

麵老鼠

用熱水將麵和好，以筷子夾麵糰，形狀隨便、大小不拘，投入沸雞湯中，再加新鮮菜心同煮，別有風味。

顛不棱（即肉餃也）

糊麵攤開，裹肉餡蒸熟。此物好吃不難，只需餡做得好，而做餡又無非是挑嫩的肉，筋膜去去、佐料加加而已。我到廣東時，在官鎮臺吃過一次肉餃，真不錯。人家的餡是將肉皮熬成膏再包進去的，故覺軟美。

肉餛飩

做餛飩與做肉餃的方法一樣。

韭合

韭菜切末，拌肉，加佐料，用面皮包起來，以油炸。揉麵的時候，加點奶酥，更妙。

糖餅（又名麵衣）

用糖水來和麵，起熱油鍋，筷子夾麵糰入鍋煎。也有人將其攤成餅狀，謂之「軟鍋餅」。這是杭州人的做法。

燒餅

將松子、核桃仁敲碎，與糖屑、豬板油一塊，入麵粉和上，烤至兩面黃，再撒上芝麻即可。扣兒會做，他每次都要將麵粉篩上四五次，篩出來，雪白雪白的。做燒餅，必須有一柄兩面鍋，上下同時放炭火烤。和麵時放奶酥會更好吃。

千層饅頭

楊參戎家做的饅頭白如雪，掰開看時，如有千層。金陵人是做不出這樣的饅頭的。其精髓揚州人只學到了一半，另外一半被常州人、無錫人學去了。

麵茶

煮粗茶水，將麵粉炒熟後，兌入茶中，佐料可用芝麻醬，也可以用牛奶，稍放鹽一撮。沒有牛奶的，可以奶酥、奶皮代之。

杏酪

杏仁搗成漿，濾去渣，拌入米粉，加糖熬煮。

粉衣

跟麵衣是一樣的做法，麵粉換成米粉而已。鹹甜俱可，悉聽尊便。

竹葉粽

以竹葉裹白糯米，煮熟。尖尖細細，像初生的菱角。

蘿蔔湯圓

將蘿蔔刨絲，焯水去異味，熟後撈出，稍微晾乾，加蔥、醬拌上，裹入粉團做餡，再用麻油炸熟吃。也可以入湯滾熟吃。春圃方伯家還用這個方法來做蘿蔔餅，扣兒從他那裡學了過來。還可以嘗試用同樣的方法來做韭菜餅、野雞肉餅。

水粉湯圓

用水粉做的湯圓，滑膩之極。水粉湯圓可以做成松仁餡的、核桃餡的、豬油餡的、糖餡的，還有鮮肉餡的。肉餡宜選嫩肉去筋絲，棒捶如泥，加蔥末、秋油。說完做餡，再來

說做水粉：先將糯米用水浸一天一夜，然後磨成漿，用布接住，濾去水分，把細粉晒乾就是水粉。布底下放些柴灰，可以去米渣。

脂油糕

用純糯米粉拌豬油，裝在盤子裡蒸熟，再加入碎冰糖。蒸好之後，用刀切開。

雪花糕

將蒸好的糯飯搗爛，用芝麻屑加糖填餡，打成一張餅狀，再切成規整的小方塊。

軟香糕

軟香糕，要數蘇州都林橋的最好。其次是西施家的虎丘糕。而南京南門外報恩寺只能排第三了。

百果糕

杭州北關外賣的百果糕最好，其糕軟軟糯糯，其百果多用松仁、核桃，而且還不放橙丁。食之軟潤香甜，但不是蜜的甜，也不是糖的甜。家裡一般做不了，想吃可以多買點，能放很久。

栗糕

　　將栗子煮至極爛，和入純糯米粉中，加糖蒸製成糕，上面撒一些瓜子、松仁。此為重陽節小食。

青糕、青團

　　青草搗出汁，入米粉和上，做成粉團，顏色似碧玉。

合歡餅

　　像蒸飯一樣將糕蒸熟，填入圓形玉璧狀的木模中定型、印花，再放到鐵架上烤。稍微刷點油，這樣才不會黏架。

雞豆糕

　　雞豆研碎，摻入少量米粉，製成糕，放盤中蒸熟。吃時用小刀劃開。

雞豆粥

　　雞豆磨碎煮粥，最好是新鮮雞豆，陳年的也行。加山藥、茯苓，尤其美妙。

金團

杭州人做金團，先刻木模，鑿出桃、杏、元寶等形狀，再將揉好的米粉握成小團，壓入木模定型。其餡可葷可素。

藕粉、百合粉

寧可相信一點：但凡不是自家磨的藕粉，都是假的。百合粉亦然。

麻團

糯米蒸熟搗爛，揉成圓團，餡心用芝麻屑拌糖。

芋粉團

將芋頭磨成粉晒乾，兌米粉製糰子。朝天宮道士做的野雞餡芋粉團，好吃極了。

熟藕

吃藕必須自煮，將藕眼灌米，加糖煮，連湯都美味極了。外面賣的大多加了鹼水，味道不對，沒法吃。我天性愛吃嫩藕，就算煮至軟熟，仍須用牙咬斷咀嚼，所以能吃到它的全味。不像老藕　煮便成泥，入口即吞，不及品味。

【新栗、新菱】

新熟的栗子，摘下，煮爛，有一股松子仁的香味。金陵人一輩子都吃不到這種味道，因為他們的廚子打死也不肯把栗子煮爛。新菱也是如此。這也是為什麼金陵人總要等栗子、菱角老了之後，才肯採來吃。

【蓮子】

建蓮雖名貴，但不像湖蓮那麼好煮。大致是先將蓮子稍煮，斷生則撈出，抽芯去皮，然後下湯中，鍋蓋實，文火慢煨兩炷香時間，期間不可以揭蓋探視，不可以停火再煨。這樣煮出來的蓮子，吃起來才不會生澀。

【芋】

十月，天晴的時候，將芋子、芋頭晒得很乾，藏在草窩裡，不讓它們凍傷。第二年春天再拿出來，把它們煮了吃了，有一種大自然的甘香。這種做法，一般人是不會知道的。

【蕭美人點心】

儀真南門外，蕭美人會做點心，她會做饅頭、糕、餃等等，全都小巧可愛，潔白如雪。

劉方伯月餅

用山東飛麵做酥皮，餡心用松仁、核桃仁、瓜子仁研細，再加上一點冰糖和豬油。既不會覺得太甜，又非常香鬆柔膩，與平常吃的月餅還是很不一樣的。

陶方伯十景點心

每到春節，陶方伯夫人就要親手製作十樣點心，都是用山東飛麵所做。這十樣點心全都形狀詭譎，色彩繽紛，食之甘甜，令人應接不暇。薩制軍說：「吃孔方伯薄餅，而天下之薄餅可廢；吃陶方伯十景點心，而天下之點心可廢。」不曾想，自陶方伯死後，十景點心便落得個〈廣陵散〉一樣的命運，一曲終竟成絕響，嗚呼哀哉！

楊中丞西洋餅

將雞蛋清打入飛麵，調成麵糊，裝入碗中。專門打造一把烙餅用的銅夾剪，頭端做成餅的形狀，大小似蝴蝶，上下兩面可分開疊合，疊時合縫不到一分寬。生旺火，將銅夾剪頭端張開烤熱，舀一勺麵糊倒進去，一刮，一剪，一烙，馬上就是一張餅，雪白雪白，像綿紙一樣透明。最後再撒上點冰糖屑、松仁屑。

【白雲片】

南殊鍋巴,薄如綿紙,用油煎一下,稍加白糖,上口極脆。金陵人做得最好,謂之「白雲片」。

【風枵】

用最好的米粉,浸透揉軟,製成小片,用豬油煎,起鍋時裹上白糖,看上去就像打了一層霜,吃到嘴裡,糖就先化開了。杭州人稱之「風枵」。

【三層玉帶糕】

用純糯米粉製成糕,分作三層:兩層粉,中間夾一層豬油、白糖,蒸熟後切開。這是蘇州人的做法。

【運司糕】

盧雅雨做運司的時候,已經老了。揚州某店專做糕點送給他吃,盧運司吃完之後大加讚賞。所以從此就有了「運司糕」這個名字。其糕,色白如雪,中間一點胭脂,紅若桃花。只放一點糖做餡,淡淡的,反而更惹人回味。運司糕還數運司衙門前的那家店做得最好,其他店的出品都比較粗糙劣質。

沙糕

用糯米粉蒸糕，中間夾芝麻蓉、糖屑。

小饅頭、小餛飩

將饅頭做成核桃大小，直接就蒸籠吃，一筷子下去能夾起兩個。這是揚州人的傑作。揚州人發酵最厲害，他們蒸的麵點，用手按住還不到半寸，一鬆手又隆得很高。小餛飩，只有龍眼那麼大，煮熟後下雞湯中。

雪蒸糕法

糯米摻梗米，二八比例，磨細粉，置盤中，用涼水細細灑之，直到米粉捏可成團、揚則如沙。用粗眼麻篩先篩一遍，將沒篩出去的結塊捏碎再篩，直至全部碎而篩出後，將先後篩得的粉和勻，使乾濕適中。用布蓋住，保持潤度，備用。（灑入的水中加洋糖更有味，市場上賣的枕兒糕就是這樣做的。）

備錫圈、錫錢，洗刷乾淨，再用蘸過水和香油的抹布擦拭一遍（每蒸一回，都要洗一次、擦一次）。先將錫錢置於圈底，然後往圈內填米粉，填至半滿再鋪一層果餡，最後再用米粉將錫圈填滿，並輕輕捶打平整 —— 整個填充的過程都不得用力壓，要鬆裝輕填。

將填好粉的錫圈套在湯瓶上,蓋住瓶口,看到蓋口有熱氣沖出時,再將錫圈取出倒扣,使糕脫圈,然後拿掉錫錢,點上胭脂印。可以多準備一個錫圈,兩圈交替使用。湯瓶壺一定要洗乾淨,裝水只到瓶肩即可。一直滾容易把水煮乾,所以須留心看視,備好熱水隨時添上。

作酥餅法

凝固的豬油一碗,開水一碗,先將油和水攪勻,倒入生麵粉中和上,要像做擀餅一樣,盡量將麵糰揉軟。另外用蒸熟的麵粉拌入豬油,和勻揉軟,不要硬了。然後將生麵做成核桃大小的糰子,將熟麵也做成略小一圈的糰子,再將熟麵糰子包在生麵糰子中,擀成長八寸、寬兩三寸的長餅,然後折成碗狀,包上瓜瓤果肉。

天然餅

涇陽張荷塘明府家製作天然餅,用最好的飛麵加一點糖和豬油做酥皮,用手隨意壓成餅狀,大小跟碗差不多,厚約兩分,形狀不拘,方也好,圓也好。放在乾淨的小鵝卵石上面烘烤,形成天然的凸凹,烤到半黃即可,異常酥鬆美妙。若不用糖,用鹽也可以。

花邊月餅

明府家做的花邊月餅，不在山東劉方伯之下。我常常派轎子把他家的女廚接到隨園來，做給我吃。看她以飛麵糰拌生豬油丁，反覆揉壓不下百轉之後，才將棗肉嵌入做餡，裁成碗大一個，用她那雙巧手捏出一圈菱花邊。再用兩個火盆，其中一個倒扣，上下一起烘烤。餡心用的棗肉，不去皮，更鮮。拌在麵糰裡的豬油，不能先熬，必須是生豬油。食之上口而化，甜而不膩，鬆而不散，其功夫全在壓揉麵團的手法上 —— 百轉千迴，多多益善。

製饅頭法

偶然在新任明府家裡吃過一回饅頭，我說：「這肯定是用北方麵粉做的。為何？看他的饅頭白而細膩，如雪之皚皚，銀光泛泛，未曾見過南方麵粉能有這般神采。」龍明府說：「非也非也，這就是用南方麵粉做的。」好麵粉不在乎南北，而在乎一把篩子 —— 只要篩上五次，自然白白細細，又何必捨近求遠？真正難的是發酵，我還專門請他家的廚師上門來賜教，學了很久也始終達不到其蓬軟的程度。

揚州洪府粽子

洪府的粽子，用的是頂級糯米，精挑細揀後，更是長瘦潔白、粒粒無缺，絕對找不出半顆斷米。米要淘得一塵不染，然後才用大箬葉包起來，埋入好火腿一大塊，封鍋燜上一天一夜，薪火綿亙不熄。食之滑膩溫軟，糯米入口而化，而肉亦化在米中。也有人說，火腿並不是整塊埋入，而是取肥的部分斬碎，入糯米拌散。

飯粥單

粥飯乃飲食之本，百菜其末也。本立而道生。作〈飯粥單〉。

【飯】

　　王莽說過:「鹽是百菜之干將。」我補一句:「飯是百味之根本。」《詩》云:「釋之溲溲,蒸之浮浮。」── 看來古人做飯也是靠蒸。我卻嫌蒸飯無漿,不如煮的軟糯,且會煮的人,一樣可以煮出蒸飯(顆粒分明、飽滿)的感覺。所謂會煮,訣竅有四:第一米要好,選用「香稻」,或「冬霜」,或「晚米」,或「觀音秈」,或「桃花秈」,舂米必乾淨徹底,藏米須防潮防霉,尤其是梅雨天氣,一定要常晾常翻;第二要善淘米,要捨得揉擦,反覆漂洗,直洗得淘米水堪比清水,才算過關;第三要拿捏好火候,先用武火煮沸,再用文火燜熟,燜煮的時間必須把握得剛剛好;第四要看米放水,不能多,也不能少,這樣煮出來的飯才軟硬適中。

　　經常有這樣的富貴人家,吃起菜來窮盡講究,飯倒是湊合就行,每次見到這種捨本逐末的行為,我都覺得好可笑。還有把湯澆在飯上,我也不喜歡,因為我討厭一切使飯失去本味的吃法。湯若真是好湯,亦不如一口吃飯、一口喝湯,不要混為一啖,方能兩全其美。不得已時,可以用茶、開水淘飯,至少不奪飯之正味。而飯之正味,就是甘美,勝過一切美味的甘美。百味嘗遍後,若逢甘美好飯,菜可免矣!

｜粥｜

只見水不見米，那不是粥；只見米不見水，也不是粥。必須做到水與米交融，你柔我膩、難解難分，才配稱「粥」。尹文端公說：「寧讓人等粥，莫使粥等人。」這話在理，因為粥一等人，味道就變了，漿也乾了。近來有人做鴨粥、八寶粥，將腥葷、果品摻入同煮，奪粥味之純正，這都是得不償失的做法。如果非摻不可，姑且接受綠豆、黍米，前者夏吃，後者冬用，它們和米都屬五穀，以五穀入五穀，無可厚非。我有一次在某位道員的家裡用餐，菜都還行，只是飯和粥實在太粗糙了，強忍著嚥下，回家就大病了一場。有人問我怎麼突然病倒，我開玩笑說，因為五臟諸神共憤，降難於我，我怎受得住！

 飯粥單

茶酒單

何以解憂？唯茶與酒：七碗下肚，兩腋生風，一杯穿腸，六塵淨忘。作〈茶酒單〉。

【茶】

要泡得好茶,先藏有好水。最好的水當屬中泠、惠泉,將其從鎮江、無錫透過郵驛運到家裡來 —— 這當然不現實。然而,天然泉水、雪融水,收而藏之,還是力所能及的。好水靠久藏,新汲的泉水帶有一股辣味,放上一段時間,才會變得極甘冽。

武夷山頂上種有一種茶,沖泡之後湯色是白的。我嘗遍天下之茶,這種茶可為第一好喝。然而此茶進貢尚且嫌少,何況民間?第二好喝的,當屬龍井。明前龍井,又叫「蓮心」,此茶略淡,須多放為妙;最好的還是雨前龍井,每一片都以一葉攜一芽,所謂「一旗一槍」,綠如碧玉。

茶葉的儲放,須用小紙袋分包好,一袋四兩,放入石灰壇中;石灰十天一換,壇口覆紙蓋紮緊,一旦透了氣,茶葉便會褪色、走味。用穿心罐裝水,猛火煮沸,一沸,馬上就泡。原因有二:一是水不能久沸,沸久味道就變了;再者,也不能用已經停沸的水去泡茶,那樣茶葉都會浮上來。一泡,馬上就喝。若蓋著晾在一旁,則味道就又變了。所以關鍵在於兩個「馬上」 —— 馬上泡,馬上喝,稍有延宕,便成閃失。

山西裴中丞曾跟人說:「我昨天路過隨園,這才吃到一杯好茶。」很諷刺啊!這話竟然是從一個山西人嘴裡說出來的。而我經常見到那些士大夫,打小在杭州長大,一入官場

便開始喝熬茶，其苦如藥，其色如血 —— 那也叫茶嗎？就跟那些腸肥腦滿的人吃檳榔一樣俗氣！

除了我家鄉的龍井，還有其他我認為值得一喝的茶，我都將一併羅列於後。

武夷茶

我一向不愛喝武夷茶，嫌它像藥湯似的又苦又濃。直到丙午年秋，我遊武夷山，至曼亭峰、天遊寺諸處，都有僧道爭相獻茶。杯小如核桃，壺小如香櫞，斟一杯，尚不到一兩。先嗅其香，再試其味，上口不忍就吞，慢慢咀嚼體會個中滋味。果然清香撲鼻，舌有餘甘，一杯之後，又試了兩杯，令人氣靜心平，怡情悅性。這才覺得啊，龍井雖然清新，其實味道還是略嫌單薄的，而陽羨雖然味道有了，但氣韻又遜一些。就好比玉之所以為玉，水晶之所以為水晶，並非形態差異所致，關鍵在於品性格調的懸殊。所以，武夷茶能享天下盛名，真乃當之無愧。將此茶反覆沖泡多次，味猶未盡。

龍井茶

杭州處處種山茶，且皆為綠茶，不過最好的還是龍井。每次回老家掃墓，管墳人家裡都會送一杯茶過來，水清茶綠的，我敢說富貴人家都喝不到這樣的好茶。

常州陽羨茶

陽羨茶，色深綠，芽如雀舌，又如斗稻米粒。茶味較龍井略濃。

洞庭君山茶

洞庭君山產的茶，色味都與龍井相同，只不過比它更綠些，葉子更寬一點。此茶產量最少。方毓川撫軍曾送了兩瓶給我，果然絕佳。後來別人再送，就都不是真的君山茶了。

此外，像六安、銀針、毛尖、梅片、安化諸茶，本單概不「錄取」。

酒

我天性不近酒，所以每飲必自律甚嚴，這反而令我比一般酗酒之徒更懂酒。現如今全國各地都對紹興酒趨之若鶩，然而以滄酒之清、潯酒之洌、川酒之鮮，難道不比紹興酒更好喝嗎？整體而言，就跟書生需要時間的沉澱、學識的累積方能修成鴻儒一樣，酒亦以陳釀為貴，越陳越貴；而陳年老酒又是剛剛開壇時最好喝，亦即諺語所謂的「酒頭茶腳」。酒要怎麼溫？溫的時間不夠，太涼了，太燙又老了，不涼不燙溫熱就好；且不能直接在火上加熱，會變味，應該隔水燉

之，封蓋嚴實勿使酒氣揮發。酒的品類繁多，選幾種聊可一飲的來說一說。

▌金壇于酒▐

于文襄公家所造。有甜、澀兩種口味，澀的更好。其酒極清，汁色若松花泛黃。味道有點像紹興酒，但紹興酒不如它清洌。

▌德州盧酒▐

盧雅雨運司家所造，色如於酒，而味道更醇厚。

▌四川郫筒酒▐

郫筒酒清洌見底，喝到嘴裡味道是甜的，不知道的還以為是梨子汁或甘蔗汁。但這種酒需從四川大老遠地運過來，想不變味都難。我總共喝過七回，只有楊笠湖刺史用木筏帶過來的那次好喝。

▌紹興酒▐

紹興酒好比清官，絲毫都不能摻假，味道才正宗。又如年高德碩的名士，活久見多，質地便愈發醇厚。所以凡紹興

酒，至少儲藏五年，否則沒辦法喝；又必須不摻水，否則放不了五年。我一直稱紹興酒為「名士」，稱燒酒為「光棍」。

湖州南潯酒

湖州南潯酒，味道跟紹興酒差不多，只不過更清、更辣。也是藏三年以上才好喝。

常州蘭陵酒

唐詩有「蘭陵美酒鬱金香，玉碗盛來琥珀光」之句。我路過常州時，相國劉文定公請我喝過一次八年陳釀，才發現原來蘭陵酒中果真是有「琥珀光」的。不過此酒味太濃厚，完全沒有了李白詩中那種清明曠遠的意境。宜興的蜀山酒和它有點像。至於無錫酒，用天下第二泉釀造，本來也是佳釀，卻因為酒販們只顧眼前的利益，以至於以次充好，實在可惜。據說也有好的，反正我沒喝到過。

溧陽烏飯酒

我向來不大喝酒。丙戌年，在溧水葉比部家，喝烏飯酒，喝了十六杯，旁邊的人都嚇壞了，紛紛來勸我停杯。而我當時還覺得挺掃興呢，仍端著酒杯捨不得放下。這種酒，色黑，味甘鮮，其妙如何，我無法描述。據說，溧水一帶的風俗是，家裡生了女孩，都要用烏米飯釀一罈酒，等到女兒

出嫁時再喝。所以，至少都是窖了十五六年的陳釀了，原來滿滿的一罈酒，開甕時竟然只剩下半壇。烏飯酒喝起來有些黏唇，在屋外隔著牆都能聞到酒香。

蘇州陳三白酒

乾隆三十年，我在蘇州周慕庵家裡飲酒。十四杯下肚，仍不知道是什麼酒，只覺得該酒味道鮮美，上口黏唇，倒在杯中滿而不溢。終於忍不住問主人，回答說「陳了十多年的三白酒」。見我愛喝，第二天又給我送了一壇來，結果全然不是那個味道了。唉！世上的尤物太難得了，只可遇不可求。鄭玄在《周禮注疏》中對「盎齊」的注解為：「盎者翁翁然，如今酇白。」酇白，我懷疑就是指此酒。

金華酒

金華酒，有紹興酒的清冽，但沒有它的澀味；有女貞酒的甘甜，但又更比它脫俗。大概是金華一帶的水都特別清的緣故吧。也是陳釀更好喝。

山西汾酒

既然要喝燒酒，當然越狠越好。汾酒就是燒酒中最狠的。我說過，燒酒就像人類中的光棍，又像縣衙裡的酷吏。

打擂臺，非光棍不可；殺強盜，非酷吏不可；驅寒、消腫，非燒酒不可。排在汾酒之下，可坐第二把交椅的，是山東高粱燒，此酒窖上十年，則酒色變綠，上口轉甜。就好像這光棍一當十年，性情大變，火氣全消，很值得與之交往一番了。童二樹家曾泡了十斤燒酒，以枸杞四兩、蒼朮二兩、巴戟天一兩入酒，壇口用布紮起來，泡一個月，開壇甚香。也是各有所宜吧，吃豬頭肉、羊尾、跳神肉之類，非就燒酒不可。

此外，像蘇州的女貞、福貞、元燥，宣州的豆酒，通州的棗兒紅，都是些不入流的品種。最不堪的還是揚州的木瓜酒，喝一口都嫌俗。

原文及注釋

序

　　詩人美周公而曰:「籩豆有踐」[003],惡凡伯而曰:「彼疏斯稗」[004]。古之於飲食也,若是重乎?他若《易》稱「鼎烹」,《書》稱「鹽梅」[005],《鄉黨》、《內則》瑣瑣言之。孟子雖賤飲食之人,而又言飢渴未能得飲食之正[006]。可見凡事需求一是處,都非易言。《中庸》曰:「人莫不飲食也,鮮能知味也。」[007]《典論》[008]曰:「一世長者知居處,三世長者知服食。」古人進鬐離肺[009]皆有法焉,未嘗苟且。「子與人歌而善,必使反之,而後和之」。聖人於一藝之微,其善取於人也如是。

---

003 籩(ㄅㄧㄢ)豆有踐:籩:竹編食具。豆:木製食具。踐:行列有序狀。語出《詩經·豳風·伐柯》。

004 彼疏斯稗:疏:粗也,即糙米。稗:通「粺」,精米。語出《詩經·大雅·召旻》。

005 鼎煮、鹽梅:《周易》第五十卦:「鼎。元吉,亨。象曰:木上有火,鼎。君子以正位凝命。」《尚書·說命》:「若作和羹,爾唯鹽梅。」

006 未能得飲食之正:《孟子·盡心上》:「飢者甘食,渴者甘飲,是未得飲食之正也,飢渴害之也。」

007 人莫不飲食也,鮮能知味也:《中庸》:「子曰:道之不行也,我知之矣:知(智)者過之,愚者不及也。道之不明也,我知之矣:賢者過之,不肖者不及也。人莫不飲食也,鮮能知味也。」

008 《典論》:為曹丕即位之前撰述的一部政治、文化專論,共二十二篇,大多遺失,如今僅存的三篇中並沒有「一世長者」之句。倒是在曹丕的《與群臣論被服書》中,有類似的表述:「三世長者知被服,五世長者知飲食。此言被服飲食難曉也。」

009 進鬐(ㄑㄧˊ)離肺:鬐:古通「鰭」,指魚脊鰭。離肺:指分割豬牛羊等祭品的肺葉。

序

　　余雅慕此旨，每食於某氏而飽，必使家廚往彼灶觚，執弟子之禮。四十年來，頗集眾美。有學就者，有十分中得六七者，有僅得二三者，亦有竟失傳者。余都問其方略，集而存之。雖不甚省記，亦載某家某味，以志景行。自覺好學之心，理宜如是。雖死法不足以限生廚，名手作書，亦多出入，未可專求之於故紙，然能率由舊章，終無大謬。臨時治具，亦易指名。

　　或曰：「人心不同，各如其面。子能必天下之口，皆子之口乎？」曰：「執柯以伐柯，其則不遠 [010]。吾雖不能強天下之口與吾同嗜，而姑且推己及物；則食飲雖微，而吾於忠恕之道，則已盡矣。吾何憾哉？」若夫《說郛》[011] 所載飲食之書三十餘種，眉公、笠翁 [012]，亦有陳言。曾親試之，皆闕於鼻而蜇於口 [013]，大半陋儒附會，吾無取焉。

010　執柯以伐柯，其則不遠：語出《詩經·豳風·伐柯》：「伐柯如何？匪斧不克。取妻如何？匪媒不得。伐柯伐柯，其則不遠。我覯之子，籩豆有踐。」

011　《說郛》：元末明初學者陶宗儀所編纂的大型叢書（凡一百卷），彙集秦漢至宋元名家作品，內容包羅萬象。

012　眉公、笠翁：眉公：陳繼儒，字仲醇，號眉公，明代文學家，著有《小窗幽記》等。笠翁：李漁，字謫凡，號笠翁，明末清初著名文學家、戲劇家、美學家，著有《閒情偶寄》等。

013　皆闕（ㄑㄩㄝˋ）於鼻而蜇於口：闕：阻塞。蜇：刺痛。《列子·楊朱》：「鄉豪取而嘗之，蜇於口，慘於腹。」

須知單

　　學問之道，先知而後行，飲食亦然。作〈須知單〉。

◆ 先天須知

　　凡物各有先天，如人各有資稟。人性下愚[014]，雖孔、孟教之，無益也。物性不良，雖易牙[015]烹之，亦無味也。指其大略：豬宜皮薄，不可腥臊；雞宜騸嫩，不可老稚；鯽魚以扁身白肚為佳，烏背者，必倔強[016]於盤中；鰻魚以湖溪游泳為貴，江生者，必槎枒[017]其骨節；穀餵之鴨，其膘肥而白色；壅土[018]之筍，其節少而甘鮮；同一火腿也，而好醜判若天淵；同一台鯗[019]也，而美惡分為冰炭。其他雜物，可以類推。大抵一席佳餚，司廚之功居其六，買辦之功居其四。

014　人性下愚：語出《論語·陽貨》：「子曰：唯上智與下愚不移。」強調人的天性——不管極好的、極壞的——是難以改變的。

015　易牙：春秋時期齊桓公的幸臣，傳說曾烹其子以進桓公。亦可指代名廚。

016　倔強：生硬，僵硬。

017　槎枒（ㄔㄚˊ ㄧㄚ）：亦作「槎枒」、「槎枒」。形容樹木枝枒歧出，此處指魚骨像樹枒一樣多且亂。

018　壅土：肥沃的土壤。

019　鯗（ㄒㄧㄤˇ）：鯗：剖開晾乾的魚。台鯗：產於浙江台州的魚乾，見〈特牲單·台鯗煨肉〉、〈水族有鱗單·台鯗〉。另外，亦泛指成片的醃臘食品，見〈小菜單·蘿蔔〉。

◆ 佐料須知

廚者之佐料，如婦人之衣服首飾也。雖有天姿，雖善塗抹，而敝衣藍縷，西子亦難以為容。善烹調者，醬用伏醬[020]，先嘗甘否；油用香油，須審生熟；酒用酒釀，應去糟粕；醋用米醋，須求清洌。且醬有清濃之分，油有葷素之別，酒有酸甜之異，醋有陳新之殊，不可絲毫錯誤。其他蔥、椒[021]、薑、桂、糖、鹽，雖用之不多，而俱宜選擇上品。蘇州店賣秋油[022]，有上、中、下三等。鎮江醋顏色雖佳，味不甚酸，失醋之本旨矣。以板浦醋[023]為第一，浦口醋次之。

◆ 洗刷須知

洗刷之法，燕窩去毛，海參去泥，魚翅去沙，鹿筋去臊。肉有筋瓣，剔之則酥；鴨有腎臊，削之則淨；魚膽破，而全盤皆苦；鰻涎存，而滿碗多腥；韭刪葉而白存，菜棄邊而心出。《內則》曰：「魚去乙，鱉去醜。」[024]此之謂也。

020　伏醬：三伏天製作的大醬。中國南方和北方農村都有盛夏「晒伏醬」的傳統風俗。

021　椒：本書中，椒一般指花椒

022　秋油：深秋霜降後，將新醬缸開封，汲取的頭一抽醬油，稱為秋油。一般認為，秋油是最好的醬油。

023　板浦醋：江蘇連雲港海州區板浦鎮，當地特產「汪恕有滴醋」，創牌於康熙年間，至今已有三百多年的歷史，被譽為全國三大名醋之一。

024　魚去乙，鱉去醜：乙：魚的頰骨。醜：動物的肛門

諺云：「若要魚好吃，洗得白筋出。」亦此之謂也。

◆ 調劑須知

調劑之法，相物而施。有酒、水兼用者，有專用酒不用水者，有專用水不用酒者；有鹽、醬並用者，有專用清醬不用鹽者，有用鹽不用醬者；有物太膩，要用油先炙者；有氣太腥，要用醋先噴者；有取鮮必用冰糖者；有以乾燥為貴者，使其味入於內，煎炒之物是也；有以湯多為貴者，使其味溢於外，清浮之物是也。

◆ 配搭須知

諺曰：「相女配夫。」《記》曰：「擬人必於其倫。」[025] 烹調之法，何以異焉？凡一物烹成，必需輔佐。要使清者配清，濃者配濃，柔者配柔，剛者配剛，方有和合之妙。其中可葷可素者，蘑菇、鮮筍、冬瓜是也。可葷不可素者，蔥、韭、茴香、新蒜是也。可素不可葷者，芹菜、百合、刀豆是也。常見人置蟹粉於燕窩之中，放百合於雞、豬之肉，毋乃唐堯與蘇峻[026]對坐，不太悖乎？亦有交互見功者，炒葷菜用素油，炒素菜用葷油是也。

025　擬（ㄋㄧˇ）人必於其倫：語出《禮記·曲禮下》。意為要拿同一類的人或事物來作比擬。擬：比擬。倫：同類，同輩。

026　唐堯與蘇峻：唐堯：堯，傳位於舜。蘇峻：東晉亂將，後被鎮壓。唐堯和蘇峻，一個禪讓帝位，一個覬覦皇權，此二人顯然不是同類，不可相提並論。

◈ 獨用須知

味太濃重者，只宜獨用，不可搭配。如李贊皇、張江陵[027]一流，須專用之，方盡其才。食物中，鰻也，鱉也，蟹也，鰣魚也，牛羊也，皆宜獨食，不可加搭配。何也？此數物者味甚厚，力量甚大，而流弊亦甚多，用五味調和，全力治之，方能取其長而去其弊。何暇舍其本題，別生枝節哉？金陵人好以海參配甲魚，魚翅配蟹粉，我見輒攢眉。覺甲魚、蟹粉之味，海參、魚翅分之而不足；海參、魚翅之弊，甲魚、蟹粉染之而有餘。

◈ 火候須知

熟物之法，最重火候。有須武火者，煎炒是也，火弱則物疲矣。有須文火者，煨煮是也，火猛則物枯矣。有先用武火而後用文火者，收湯之物是也，性急則皮焦而裡不熟矣。有愈煮愈嫩者，腰子、雞蛋之類是也。有略煮即不嫩者，鮮魚、蚶蛤之類是也。肉起遲則紅色變黑，魚起遲則活肉變死。屢開鍋蓋，則多沫而少香。火熄再燒，則走油而味失。道人以丹成九轉為仙，儒家以無過、不及為中。司廚者，能知火候而謹伺之，則幾於道

027　李贊皇：李絳，字深之，趙郡贊皇人氏，唐代諫臣，被楊叔元亂軍所害。張江陵：張居正，字叔大，湖北江陵人，明朝中後期政治家、改革家，萬曆時期的內閣首輔，輔佐萬曆皇帝朱翊鈞開創了「萬曆新政」，史稱張居正改革。

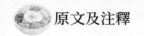
矣。魚臨食時，色白如玉，凝而不散者，活肉也；色白
如粉，不相膠黏者，死肉也。明明鮮魚，而使之不鮮，
可恨已極。

◆ 色臭須知

目與鼻，口之鄰也，亦口之媒介也。嘉肴到目、到鼻，
色臭便有不同。或淨若秋雲，或豔如琥珀，其芬芳之
氣，亦撲鼻而來，不必齒決之、舌嘗之，而後知其妙
也。然求色豔不可用糖炒，求香不可用香料。一涉粉
飾，便傷至味。

◆ 遲速須知

凡人請客，相約於三日之前，自有工夫平章[028] 百味。若
斗然[029] 客至，急需便餐；作客在外，行船落店，此何能
取東海之水，救南池之焚乎？必須預備一種急就章之
菜，如炒雞片、炒肉絲、炒蝦米豆腐及糟魚、茶腿之
類，反能因速而見巧者，不可不知。

---

028 平章：評處；商酌。
029 斗然：突然。

◆ 變換須知

一物有一物之味，不可混而同之。猶如聖人設教，因才樂育，不拘一律。所謂君子成人之美也。今見俗廚，動以雞、鴨、豬、鵝，一湯同滾，遂令千手雷同，味同嚼蠟。吾恐雞、豬、鵝、鴨有靈，必到枉死城[030]中告狀矣。善治菜者，須多設鍋、灶、盂、鉢之類，使一物各獻一性，一碗各成一味。嗜者舌本應接不暇，自覺心花頓開。

◆ 器具須知

古語云：美食不如美器。斯語是也。然宣、成、嘉、萬[031]，窯器太貴，頗愁損傷，不如竟用御窯，已覺雅麗。唯是宜碗者碗，宜盤者盤，宜大者大，宜小者小，參錯其間，方覺生色。若板板[032]於十碗八盤之說，便嫌笨俗。大抵物貴者器宜大，物賤者器宜小。煎炒宜盤，湯羹宜碗，煎炒宜鐵鍋，煨煮宜砂罐。

◆ 上菜須知

上菜之法：鹽者宜先，淡者宜後；濃者宜先，薄者宜後；無湯者宜先，有湯者宜後。且天下原有五味，不可以鹹

---

030 枉死城：舊謂陰間枉死鬼所住的地方。
031 宣、成、嘉、萬：分別指明朝宣德、成化、嘉靖、萬曆年間的景德鎮官窯。
032 板板：不靈活，少變化。

之一味概之。度客食飽，則脾困矣，須用辛辣以振動之；
慮客酒多，則胃疲矣，須用酸甘以提醒之。

◆ 時節須知

夏日長而熱，宰殺太早，則肉敗矣。冬日短而寒，烹飪
稍遲，則物生矣。冬宜食牛羊，移之於夏，非其時也。
夏宜食乾臘，移之於冬，非其時也。輔佐之物，夏宜用
芥末，冬宜用胡椒。當三伏天而得冬醃菜，賤物也，而
竟成至寶矣。當秋涼時而得行鞭筍，亦賤物也，而視若
珍饈矣。有先時而見好者，三月食鰣魚是也。有後時而
見好者，四月食芋艿是也。其他亦可類推。有過時而不
可吃者，蘿蔔過時則心空，山筍過時則味苦，刀鱭過
時則骨硬。所謂四時之序，成功者退[033]，精華已竭，褰
裳[034] 去之也。

◆ 多寡須知

用貴物宜多，用賤物宜少。煎炒之物多，則火力不透，肉
亦不鬆。故用肉不得過半斤，用雞、魚不得過六兩。或
問：食之不足，如何？曰：俟食畢後另炒可也。以多為貴

033　四時之序，成功者退：出自《史記·范雎蔡澤列傳》。意為春夏秋冬四季的更
　　　替，莫不是在完成各自的任務之後，主動讓位於下一個季節。

034　褰（ㄑㄧㄢ）裳：撩起衣裳。《詩·鄭風·褰裳》：「子惠思我，褰裳涉溱」。

者，白煮肉，非二十斤以外，則淡而無味。粥亦然，非斗米則汁漿不厚，且須扣水，水多物少，則味亦薄矣。

◆ 潔淨須知

切蔥之刀，不可以切筍；搗椒之臼，不可以搗粉。聞菜有抹布氣者，由其布之不潔也；聞菜有砧板氣者，由其板之不淨也。「工欲善其事，必先利其器」。良廚先多磨刀，多換布，多刮板，多洗手，然後治菜。至於口吸之煙灰，頭上之汗汁，灶上之蠅蟻，鍋上之煙煤，一玷入菜中，雖絕好烹庖，如西子蒙不潔，人皆掩鼻而過之矣 035。

◆ 用纖須知

俗名豆粉為纖者，即拉船用纖也，須顧名思義。因治肉者，要作團而不能合，要作羹而不能膩，故用粉以牽合之。煎炒之時，慮肉貼鍋，必至焦老，故用粉以護持之。此纖義也。能解此義用纖，纖必恰當，否則亂用可笑，但覺一片糊塗 036。《漢制考》037 齊呼麵麩為媒 038，媒即纖矣。

035　西子蒙不潔，人皆掩鼻而過之矣：語出《孟子．離婁下》：「西子蒙不潔，則人皆掩鼻而過之」。西子：西施。

036　但覺一片糊塗：吃起來就像在吃糊糊。糊塗：指湯汁濃稠，似糊狀。〈羽族單〉中有一道菜名就叫「鴨糊塗」，其特點就是多用纖，致使湯濃如糊。

037　《漢制考》：南宋著名學者、教育家、政治家王應麟著作，根據漢唐學者的經注及字書材料，結合歷史著作中的記載，考證了漢代的名物制度。

038　麩：麩子，也叫麩皮。小麥磨麵篩剩下的碎皮。

◆ 選用須知

選用之法，小炒肉用後臀，做肉圓用前夾心，煨肉用硬短勒[039]。炒魚片用青魚、季魚，做魚鬆用鱮魚[040]、鯉魚。蒸雞用雛雞，煨雞用騙雞，取雞汁用老雞。雞用雌才嫩，鴨用雄才肥；蓴菜用頭，芹韭用根，皆一定之理。餘可類推。

◆ 疑似須知

味要濃厚，不可油膩；味要清鮮，不可淡薄。此疑似之間，差之毫釐，失之千里。濃厚者，取精多而糟粕去之謂也。若徒貪肥膩，不如專食豬油矣。清鮮者，真味出而俗塵無之謂也。若徒貪淡薄，則不如飲水矣。

◆ 補救須知

名手調羹，鹹淡合宜，老嫩如式，原無需補救。不得已為中人說法，則調味者，寧淡毋鹹，淡可加鹽以救之，鹹則不能使之再淡矣。烹魚者，寧嫩毋老，嫩可加火候以補之，老則不能強之再嫩矣。此中消息[041]，於一切下佐料時，靜觀火色，便可參詳[042]。

039　硬短勒：即豬五花肉
040　鱮魚：即草魚
041　消息：事情的關鍵。
042　參詳：參酌詳審，可理解為明白、掌握。

◆ 本分須知

滿洲菜多燒煮，漢人菜多羹湯，童而習之，故擅長也。漢請滿人，滿請漢人，各因所長之菜，轉覺入口新鮮，不失邯鄲故步。今人忘其本分，而要特別討好。漢請滿人用滿菜，滿請漢人用漢菜，反致依樣葫蘆，有名無實，畫虎不成反類犬矣。秀才下場[043]，專作自己文字，務極其工，自有遇合[044]。若逢一宗師而摹仿之，逢一主考而摹仿之，則掠皮無真[045]，終身不中矣。

---

043 下場：謂科舉時代考生進考場應試。《紅樓夢》第九七回：「明年鄉試，務必叫他下場。」

044 遇合：遇到賞識自己的人。

045 掠皮無真：典出《世說新語·賞譽》：「謝公稱藍田掠皮皆真。」掠皮：除去皮，喻徹裡徹外。掠（ㄌㄨㄛˋ），通「剝」。宋樓鑰《真率會次適齋韻》：「閒暇止應開口笑，詼諧尤稱掠皮真。」

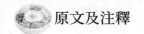

戒單

為政者興一利，不如除一弊，能除飲食之弊，則思過半矣。作〈戒單〉。

◆ 戒外加油

俗廚製菜，動熬豬油一鍋，臨上菜時，勺取而分澆之，以為肥膩。甚至燕窩至清之物，亦復受此沾汙。而俗人不知，長吞大嚼，以為得油水入腹。故知前生是餓鬼投來。

◆ 戒同鍋熟

同鍋熟之弊，已載前「變換須知」一條中。

◆ 戒耳餐

何謂耳餐？耳餐者，務名之謂也，貪貴物之名，誇敬客之意，是以耳餐，非口餐也。不知豆腐得味，遠勝燕窩。海菜不佳，不如蔬筍。余嘗謂雞、豬、魚、鴨，豪傑之士也，各有本味，自成一家。海參、燕窩庸陋之人也，全無性情，寄人籬下。嘗見某太守宴客，大碗如缸，白煮燕窩四兩，絲毫無味，人爭誇之。余笑曰：「我輩來吃燕窩，非來販燕窩也。」可販不可吃，雖多奚為？若徒誇體面，不如碗中竟放明珠百粒，則價值萬金矣。其如吃不得何？

◈ 戒目食

何謂目食？目食者，貪多之謂也。今人慕「食前方丈」[046]
之名，多盤疊碗，是以目食，非口食也。不知名手寫字，
多則必有敗筆；名人作詩，煩則必有累句。極名廚之心
力，一日之中，所作好菜不過四五味耳，尚難拿準，況拉
雜橫陳乎？就使幫助多人，亦各有意見，全無紀律，愈多
愈壞。余嘗過一商家，上菜三撤席，點心十六道，共算食
品將至四十餘種。主人自覺欣欣得意，而我散席還家，
仍煮粥充飢。可想見其席之豐而不潔[047]矣。南朝孔琳之[048]
曰：「今人好用多品，適口之外，皆為悅目之資。」余以
為肴饌橫陳，燻蒸腥穢，目亦無可悅也。

◈ 戒穿鑿

物有本性，不可穿鑿為之。自成小巧，即如燕窩佳矣，
何必捶以為團？海參可矣，何必熬之為醬？西瓜被切，
略遲不鮮，竟有製以為糕者。蘋果太熟，上口不脆，

046　食前方丈：形容飲食鋪張浪費，每餐必將菜餚在面前擺上一丈。方丈：一丈
　　見方。語出《孟子‧盡心下》：「食前方丈，侍妾數百人，我得志弗為也」。
047　豐而不潔：參見《須知單‧潔淨須知》：「良廚先多磨刀，多換布，多刮板，
　　多洗手，然後治菜」「如西子蒙不潔，人皆掩鼻而過之矣」。很顯然，袁枚沒
　　有吃飽的根本原因，應該是他覺得席中諸菜不夠潔淨，因其菜品越多，廚師
　　的精力越不濟，便越顧不上磨刀、換布、刮板、洗手，故「豐而不潔」在所
　　難免。
048　孔琳之：南朝宋文學家，字彥琳。會稽山陰（今浙江紹興）人。

竟有蒸之以為脯者。他如《遵生八箋》[049]之秋藤餅，李
笠翁之玉蘭糕，都是矯揉造作，以杞柳為杯棬[050]，全失
大方。譬如庸德庸行，做到家便是聖人，何必索隱行
怪乎？

◆ 戒停頓

物味取鮮，全在起鍋時極鋒而試。略為停頓，便如霉過
衣裳，雖錦繡綺羅，亦晦悶而舊氣可憎矣。嘗見性急主
人，每擺菜必一齊搬出。於是廚人將一席之菜，都放蒸
籠中，候主人催取，通行齊上。此中尚得有佳味哉？在
善烹飪者，一盤一碗，費盡心思；在吃者，鹵莽暴戾，
囫圇吞下，真所謂得哀家梨，仍復蒸食者矣[051]。余到粵
東，食楊蘭坡明府[052]鱔羹而美，訪其故，曰：「不過現殺
現烹，現熟現吃，不停頓而已。」他物皆可類推。

049　《遵生八箋》：明朝高濂所撰的養生學著作，裡面有關於飲食的部分。

050　以杞柳為杯棬（くㄩㄢ）：典出《孟子·告子上》，告子將人性比作杞柳樹，
　　　將仁義比作杯棬（即曲木製作的盤），認為欲將人改造成仁義之人，必先抹
　　　殺人性，正如要把杞柳製作成杯棬，第一步得先把樹砍斷。孟子駁斥其言
　　　「禍仁義」。此處可理解為，不尊重事物美好的本性，妄加改造。

051　得哀家梨，仍復蒸食者矣：典出《世說新語·輕詆》：「桓南郡每見人不快，
　　　輒嗔云：『君得哀家梨，當復不蒸食不？』」得了著名的哀家梨，還要拿去蒸
　　　了吃，形容不知好歹，辜負了好東西。哀家梨：傳說秣陵（今南京市）哀仲
　　　家梨，個大如升，味甘美。

052　楊蘭坡明府：楊蘭坡：人名。明府：官職。袁枚記載「某家某味」時，常帶
　　　出其官職，後述諸章節中，人名加官職乃成固定格式，不贅注。

◆ **戒暴殄**

暴者不恤人功，殄者不惜物力。雞、魚、鵝、鴨，自首至尾，俱有味存，不必少取多棄也。嘗見烹甲魚者，專取其裙而不知味在肉中；蒸鰣魚者，專取其肚而不知鮮在背上。至賤莫如醃蛋，其佳處雖在黃不在白，然全去其白而專取其黃，則食者亦覺索然矣。且予為此言，並非俗人惜福之謂，假使暴殄而有益於飲食，猶之可也。暴殄而反累於飲食，又何苦為之？至於烈炭以炙活鵝之掌，剚[053]刀以取生雞之肝，皆君子所不為也。何也？物為人用，使之死可也，使之求死不得不可也。

◆ **戒縱酒**

事之是非，唯醒人能知之；味之美惡，亦惟醒人能知之。伊尹[054]曰：「味之精微，口不能言也。」口且不能言，豈有呼呶[055]酗酒之人，能知味者乎？往往見拇戰之徒，啖佳菜如啖木屑，心不存焉。所謂惟酒是務，焉知其餘，而治味之道掃地矣。萬不得已，先於正席嘗菜之味，後於撤席逞酒之能，庶乎其兩可也。

---

053 剚（ㄗˋ）：割。
054 伊尹：夏末商初著名政治家、思想家，也是中華廚祖。
055 呼呶（ㄋㄠˊ）：即號呼呶拏（ㄋㄚˊ）。喧鬧之意。

175

◆ 戒火鍋

冬日宴客，慣用火鍋，對客喧騰，已屬可厭。且各菜之味，有一定火候，宜文宜武，宜撤宜添，瞬息難差。今一例以火逼之，其味尚可問哉？近人用燒酒代炭，以為得計，而不知物經多滾，總能變味。或問：「菜冷奈何？」曰：「以起鍋滾熱之菜，不使客登時食盡，而尚能留之以至於冷，則其味之惡劣可知矣。」

◆ 戒強讓

治具宴客，禮也。然一肴既上，理宜憑客舉箸，精肥整碎，各有所好，聽從客便，方是道理，何必強讓之？常見主人以箸夾取，堆置客前，汙盤沒碗，令人生厭。須知客非無手無目之人，又非兒童、新婦，怕羞忍餓，何必以村嫗小家子之見解待之？其慢客也至矣！近日倡家[056]，尤多此種惡習，以箸取菜，硬入人口，有類強姦，殊為可惡。長安有甚好請客而菜不佳者，一客問曰：「我與君算相好乎？」主人曰：「相好！」客跽[057]而請曰：「果然相好，我有所求，必允許而後起。」主人驚問：「何求？」曰：「此後君家宴客，求免見招。」合坐為之大笑。

056　倡家：指從事音樂歌舞的樂人。
057　跽：古人兩膝著地而坐，聳身而立，屁股、大腿不碰腳跟叫做「跽」。

◆ 戒走油

凡魚、肉、雞、鴨，雖極肥之物，總要使其油在肉中，不落湯中，其味方存而不散。若肉中之油，半落湯中，則湯中之味，反在肉外矣。推原其病有三：一誤於火大猛，滾急水乾，重番加水；一誤於火勢忽停，既斷復續；一病在於太要相度，屢起鍋蓋，則油必走。

◆ 戒落套

唐詩最佳，而五言八韻之試帖[058]，名家不選，何也？以其落套故也。詩尚如此，食亦宜然。今官場之菜，名號有「十六碟」、「八簋」、「四點心」之稱，有「滿漢席」之稱，有「八小吃」之稱，有「十大菜」之稱，種種俗名，皆惡廚陋習，只可用之於新親上門，上司入境，以此敷衍，配卜椅披桌裙，插屏香案，三揖百拜方稱。若家居歡宴，文酒[059]開筵，安可用此惡套哉？必須盤碗參差，整散雜進，方有名貴之氣象。余家壽筵婚席，動至五六桌者，傳喚外廚，亦不免落套。然訓練之卒，範我馳驅[060]者，其味亦終竟不同。

---

058 五言八韻之試帖：唐代科舉考試時採用的詩體，也叫「賦得體」，以題前常冠以「賦得」二字得名。

059 文酒：飲酒賦詩。

060 範我馳驅：語出《禮記·檀弓下》：「吾為之範我馳驅，終日不獲一。」意為按照規矩法度去駕車奔馳。

◆ 戒混濁

混濁者，並非濃厚之謂。同一湯也，望去非黑非白，如缸中攪渾之水。同一滷也，食之不清不膩，如染缸倒出之漿。此種色味令人難耐。救之之法，總在洗淨本身，善加佐料，伺察水火，體驗酸鹹，不使食者舌上有隔皮隔膜之嫌。庾子山[061]論文云：「索索無真氣，昏昏有俗心。」是即混濁之謂也。

◆ 戒苟且

凡事不宜苟且，而於飲食尤甚。廚者，皆小人下材，一日不加賞罰，則一日必生怠玩。火齊未到而姑且下嚥，則明日之菜必更加生。真味已失而含忍不言，則下次之羹必加草率。且又不止空賞空罰而已也。其佳者，必指示其所以能佳之由；其劣者，必尋求其所以致劣之故。鹹淡必適其中，不可絲毫加減；久暫必得其當，不可任意登盤。廚者偷安，吃者隨便，皆飲食之大弊。審問慎思明辨，為學之方也；隨時指點，教學相長，作師之道也。於是味何獨不然？

061　庾子山：庾信，字子山，曾作《擬懷古詩》二十七首，第一首寫道：「步兵未飲酒，中散未彈琴。索索無真氣，昏昏有俗心。」步兵、中散分別指「竹林七賢」中的阮籍、嵇康。

海鮮單

古八珍並無海鮮之說。今世俗尚之,不得不吾從眾。作〈海鮮單〉。

◆ 燕窩

燕窩貴物,原不輕用。如用之,每碗必須二兩,先用天泉滾水泡之,將銀針挑去黑絲。用嫩雞湯、好火腿湯、新蘑菇三樣湯滾之,看燕窩變成玉色為度。此物至清,不可以油膩雜之;此物至文,不可以武物串之。今人用肉絲、雞絲雜之,是吃雞絲、肉絲,非吃燕窩也。且徒務其名,往往以三錢生燕窩蓋碗面,如白髮數莖,使客一撩不見,空剩粗物滿碗。真乞兒賣富,反露貧相。不得已則蘑菇絲、筍尖絲、鯽魚肚、野雞嫩片尚可用也。余到粵東,楊明府冬瓜燕窩甚佳,以柔配柔,以清入清,重用雞汁、蘑菇汁而已。燕窩皆作玉色,不純白也。或打作團,或敲成麵,俱屬穿鑿。

◆ 海參三法

海參,無味之物,沙多氣腥,最難討好。然天性濃重,斷不可以清湯煨也。須檢小刺參,先泡去沙泥,用肉湯滾泡[062]三次,然後以雞、肉兩汁紅煨極爛。輔佐則用香

062　滾泡:用湯汁將乾貨(此處指蝦米)邊加熱邊泡發。

蕈、木耳，以其色黑相似也。大抵明日請客，則先一日要煨，海參才爛。嘗見錢觀察家，夏日用芥末、雞汁拌冷海參絲，甚佳。或切小碎丁，用筍丁、香蕈丁入雞湯煨作羹。蔣侍郎家用豆腐皮、雞腿、蘑菇煨海參，亦佳。

◆ 魚翅二法

魚翅難爛，須煮兩日，才能摧剛為柔。用有二法：一用好火腿、好雞湯，加鮮筍、冰糖錢許煨爛，此一法也；一純用雞湯串細蘿蔔絲，拆碎鱗翅攙和其中，漂浮碗面，令食者不能辨其為蘿蔔絲、為魚翅，此又一法也。用火腿者，湯宜少；用蘿蔔絲者，湯宜多。總以融洽柔膩為佳。若海參觸鼻，魚翅跳盤[063]，便成笑話。吳道士家做魚翅，不用下鱗，單用上半原根，亦有風味。蘿蔔絲須出水二次，其臭才去。嘗在郭耕禮家吃魚翅炒菜，妙絕！惜未傳其方法。

◆ 鰒魚

鰒魚[064]炒薄片甚佳，楊中丞家削片入雞湯豆腐中，號稱「鰒魚豆腐」，上加陳糟油[065]澆之。莊太守用大塊鰒魚

---

063 海參觸鼻，魚翅跳盤：海參沒有煨爛，結果吃的時候容易觸及鼻尖，讓人生痛；而魚翅沒有煨爛，也會又硬又直，在夾食的時候，會滑脫而跳出碗外面。

064 鰒（ㄈㄨˋ）魚：鮑魚。

065 陳糟油：以酒糟為主要原料的一種調味品。見〈小菜單·糟油〉。

煨整鴨，亦別有風趣。但其性堅，終不能齒決。火煨三
日，才拆得碎。

◆ **淡菜**

淡菜 [066] 煨肉加湯，頗鮮，取肉去心，酒炒亦可。

◆ **海蜒**

海蜒 [067]，寧波小魚也，味同蝦米，以之蒸蛋甚佳。作小
菜亦可。

◆ **烏魚蛋**

烏魚蛋 [068] 最鮮，最難服事 [069]。須河水滾透，撤沙去腥，
再加雞湯、蘑菇煨爛。龔雲若司馬家製之最精。

◆ **江瑤柱**

江瑤柱 [070] 出寧波，治法與蚶、蟶同。其鮮脆在柱，故剖
殼時，多棄少取。

066　淡菜：即貽貝，也叫青口，煮熟後加工成乾品，就是淡菜。
067　海蜒（一ㄢˇ）：即海蜓，是寧波著名海特產。
068　烏魚蛋：從鮮墨魚身上割下來的纏卵腺。圓形而稍扁，乳白色，大型烏魚蛋
　　　似雞蛋大小，小型似鴿蛋大小，主產於山東省。
069　服事：處理。此處指烹製。
070　江瑤柱：即干貝，為櫛孔扇貝的鮮閉殼肌晒乾而來。

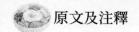

◆ 蠣黃

蠣黃[071]生石子上。殼與石子膠黏不分。剝肉作羹,與蚶、蛤相似。一名鬼眼。樂清、奉化兩縣土產,別地所無。

071　蠣黃:即牡蠣,俗名蠔。

江鮮單

　　郭璞〈江賦〉魚族甚繁。今擇其常有者治之。作〈江鮮單〉。

◆ 刀魚二法

刀魚用蜜酒釀、清醬，放盤中，如鰣魚法，蒸之最佳，不必加水。如嫌刺多，則將極快刀刮取魚片，用鉗抽去其刺。用火腿湯、雞湯、筍湯煨之，鮮妙絕倫。金陵人畏其多刺，竟油炙極枯，然後煎之。諺曰：「駝背夾直，其人不活。」此之謂也。或用快刀，將魚背斜切之，使碎骨盡斷，再下鍋煎黃，加佐料，臨食時竟不知有骨：蕪湖陶大太法也。

◆ 鰣魚

鰣魚用蜜酒蒸食，如治刀魚之法便佳。或竟用油煎，加清醬、酒釀亦佳。萬不可切成碎塊，加雞湯煮；或去其背，專取肚皮，則真味全失矣。

◆ 鱘魚

尹文端公，自誇治鱘鰉[072]最佳。然煨之太熟，頗嫌重濁。惟仕蘇州唐氏，吃炒鰉魚片甚佳。其法：切片油

072　鱘鰉：鱘魚的一種，產江河及近海深水中，又名鰉魚。

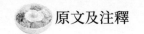

炮,加酒、秋油滾三十次,下水再滾起鍋,加佐料,重
用瓜、薑、蔥花。又一法:將魚白水煮十滾,去大骨,
肉切小方塊,取明骨切小方塊;雞湯去沫,先煨明骨八
分熟,下酒、秋油,再下魚肉,煨二分爛起鍋,加蔥、
椒、韭,重用薑汁一大杯。

◆ **黃魚**

黃魚切小塊,醬酒郁 [073] 一個時辰,瀝乾。入鍋爆炒兩面
黃,加金華豆豉一茶杯,甜酒一碗,秋油一小杯,同滾。
候滷乾色紅,加糖,加瓜、薑收起,有沉浸濃郁之妙。又
一法:將黃魚拆碎,入雞湯作羹,微用甜醬水、纖粉收起
之,亦佳。大抵黃魚亦係濃厚之物,不可以清治之也。

◆ **斑魚**

斑魚最嫩,剝皮去穢,分肝、肉二種,以雞湯煨之,下
酒三分、水二分、秋油一分;起鍋時,加薑汁一大碗,
蔥數莖,殺去腥氣。

◆ **假蟹**

煮黃魚二條,取肉去骨,加生鹽蛋四個,調碎,不拌入魚
肉;起油鍋炮,下雞湯滾,將鹽蛋攪勻,加香蕈、蔥、薑
汁、酒,吃時酌用醋。

073　郁:密封浸泡。

▍特牲單

　　豬用最多，可稱「廣大教主」。宜古人有特豚饋食之禮。作〈特牲單〉。

◈ 豬頭二法

　　洗淨五斤重者，用甜酒三斤；七八斤者，用甜酒五斤。先將豬頭下鍋同酒煮，下蔥三十根、八角三錢，煮二百餘滾；下秋油一大杯、糖一兩，候熟後嘗鹹淡，再將秋油加減；添開水要漫過豬頭一寸，上壓重物，大火燒一炷香；退出大火，用文火細煨，收乾以膩為度；爛後即開鍋蓋，遲則走油。一法：打木桶一個，中用銅簾隔開，將豬頭洗淨，加佐料悶入桶中，用文火隔湯蒸之，豬頭熟爛，而其膩垢悉從桶外流出，亦妙。

◈ 豬蹄四法

　　蹄膀一隻，不用爪，白水煮爛，去湯，好酒一斤，清醬油杯半，陳皮一錢，紅棗四五個，煨爛。起鍋時，用蔥、椒、酒潑入，去陳皮、紅棗，此一法也。又一法：先用蝦米煎湯代水，加酒、秋油煨之。又一法：用蹄膀一隻，先煮熟，用素油灼皺其皮，再加佐料紅煨。有土人好先掇食其皮，號稱「揭單被」。又一法：用蹄膀一個，

兩鉢合之，加酒、加秋油，隔水蒸之，以二枝香為度，
號「神仙肉」。錢觀察家製最精。

◆ **豬爪、豬筋**

專取豬爪，剔去大骨，用雞肉湯清煨之。筋味與爪相
同，可以搭配；有好腿爪，亦可攙入。

◆ **豬肚二法**

將肚洗淨，取極厚處，去上下皮，單用中心，切骰子
塊，滾油炮炒，加佐料起鍋，以極脆為佳。此北人法
也。南人白水加酒，煨兩枝香，以極爛為度，蘸清鹽食
之，亦可；或加雞湯佐料，煨爛燻切，亦佳。

◆ **豬肺二法**

洗肺最難，以冽盡肺管血水，剔去包衣為第一著。敲之
僕之，掛之倒之，抽管割膜，工夫最細。用酒水滾一日
一夜。肺縮小如一片白芙蓉，浮於湯麵，再加佐料。上
口如泥。湯崖少宰宴客，每碗四片，已用四肺矣。近人
無此工夫，只得將肺拆碎，入雞湯煨爛亦佳。得野雞湯
更妙，以清配清故也。用好火腿煨亦可。

◆ **豬腰**

腰片炒枯則木，炒嫩則令人生疑；不如煨爛，蘸椒鹽食
之為佳。或加佐料亦可。只宜手摘，不宜刀切。但須一
日工夫，才得如泥耳。此物只宜獨用，斷不可攙入別菜
中，最能奪味而惹腥。煨三刻則老，煨一日則嫩。

◆ **豬里肉**

豬里肉，精而且嫩。人多不食。嘗在揚州謝蘊山太守席
上，食而甘之。云以里肉切片，用纖粉團成小把，入蝦
湯中，加香蕈、紫菜清煨，一熟便起。

◆ **白片肉**

須自養之豬，宰後入鍋，煮到八分熟，泡在湯中，一個
時辰取起。將豬身上行動之處，薄片上桌，不冷不熱，
以溫為度。此是北人擅長之菜。南人效之，終不能佳。
且零星市脯 [074]，亦難用也。寒士請客，寧用燕窩，不用
白片肉，以非多不可故也。割法須用小快刀片之，以肥
瘦相參，橫斜碎雜為佳，與聖人「割不正，不食」[075] 一

---

074 市脯（ㄈㄨˇ）：買來的肉食品。《論語·鄉黨》:「沽酒市脯不食。」
075 割不正不食：肉切得不方正，不吃。語出《論語·鄉黨篇》:「食不厭精，膾
　　不厭細。食饐而餲，魚餒而肉敗，不食；色惡，不食，臭惡，不食；失飪，
　　不食；不時，不食；割不正，不食；不得其醬，不食。肉雖多，不使勝食氣。
　　惟酒無量，不及亂。沽酒市脯不食。不撤薑食，不多食。食不語。」記述了

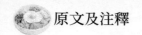

語，截然相反。其豬身，肉之名目甚多。滿洲「跳神肉」
最妙。

◆ 紅煨肉三法

或用甜醬，或用秋油，或竟不用秋油、甜醬。每肉一
斤，用鹽三錢，純酒煨之；亦有用水者，但須熬乾水氣。
三種治法皆紅如琥珀，不可加糖炒色。早起鍋則黃，當
可則紅，過遲則紅色變紫，而精肉轉硬。常起鍋蓋則油
走，而味都在油中矣。大抵割肉雖方，以爛到不見鋒
稜 [076]，上口而精肉俱化為妙。全以火候為主。諺云：「緊
火粥，慢火肉。」至哉言乎！

◆ 白煨肉

每肉一斤，用白水煮八分好，起出去湯；用酒半斤、鹽
二錢半，煨一個時辰。用原湯一半加入，滾乾湯膩為
度，再加蔥、椒、木耳、韭菜之類。火先武後文。又一
法：每肉一斤，用糖一錢、酒半斤、水一斤、清醬半茶
杯；先放酒，滾肉一二十次，加茴香一錢，加水悶爛，
亦佳。

孔子對飲食的講究。

076　鋒稜：物體的鋒芒、稜角。

◆ **油灼肉**

用硬短勒切方塊，去筋襻[077]，酒醬郁過，入滾油中炮炙之，使肥者不膩，精者肉鬆。將起鍋時，加蔥、蒜，微加醋噴之。

◆ **乾鍋蒸肉**

用小磁缽，將肉切方塊，加甜酒、秋油，裝大缽內封口，放鍋內，下用文火乾蒸之。以兩枝香為度，不用水。秋油與酒之多寡，相肉而行，以蓋滿肉面為度。

◆ **蓋碗裝肉**

放手爐[078]上。法與前同。

◆ **磁罈裝肉**

放礱糠[079]中慢煨。法與前同。總須封口。

◆ **脫沙肉**

去皮切碎，每一斤用雞子三個，青黃俱用，調和拌肉；再斬碎，入秋油半酒杯，蔥末拌勻，用網油一張裹之；外再

077　襻（ㄆㄢˋ）：綁衣裙的帶子；用布做的扣住鈕扣的套。亦指外形似襻之物。

078　手爐：中國古代普遍使用的一種取暖工具，即冬天可以捧在手上暖手用的小爐。

079　礱糠（ㄌㄨㄥˊ　ㄎㄤ）：稻穀經過礱磨脫下的殼。

用菜油四兩，煎兩面，起出去油；用好酒一茶杯、清醬半酒杯，悶透，提起切片；肉之面上，加韭菜、香蕈、筍丁。

◆ **晒乾肉**

切薄片精肉，晒烈日中，以乾為度。用陳大頭菜，夾片乾炒。

◆ **火腿煨肉**

火腿切方塊，冷水滾三次，去湯瀝乾；將肉切方塊，冷水滾二次，去湯瀝乾；放清水煨，加酒四兩，蔥、椒、筍、香蕈。

◆ **台鮝煨肉**

法與火腿煨肉同。鮝易爛，須先煨肉至八分，再加鮝；涼之則號「鮝凍」。紹興人菜也。鮝不佳者，不必用 [080]。

◆ **粉蒸肉**

用精肥參半之肉，炒米粉黃色，拌麵醬蒸之，下用白菜作墊。熟時不但肉美，菜亦美。以不見水，故味獨全。江西人菜也。

080　鮝不佳者，不必用：袁枚曾多次指發表鮝的品質良莠不齊，〈先天須知〉：「同一台鮝也，而美惡分為冰炭。」〈水族有鱗單·台鮝〉：「台鮝好醜不一。」所以此處強調的，仍是採購台鮝時一定要注意甄別。

◆ **燻煨肉**

先用秋油、酒將肉煨好，帶汁上木屑，略燻之，不可太久，使乾濕參半，香嫩異常。吳小谷廣文家，製之精極。

◆ **芙蓉肉**

精肉一斤，切片，清醬拖過，風乾一個時辰。用大蝦肉四十個，豬油二兩，切骰子大，將蝦肉放在豬肉上。一隻蝦，一塊肉，敲扁，將滾水煮熟撩起。熬菜油半斤，將肉片放在眼銅勺內，將滾油灌熟。再用秋油半酒杯、酒一杯、雞湯一茶杯，熬滾，澆肉片上，加蒸粉、蔥、椒糝[081]上起鍋。

◆ **荔枝肉**

用肉切大骨牌片，放白水煮二三十滾，撩起；熬菜油半斤，將肉放入炮透，撩起，用冷水一激，肉皺，撩起；放入鍋內，用酒半斤、清醬一小杯、水半斤，煮爛。

◆ **八寶肉**

用肉一斤，精、肥各半，白煮一二十滾，切柳葉片。小淡菜二兩，鷹爪[082]二兩，香蕈一兩，花海蜇二兩，胡桃

081　糝（ㄙㄢˇ）：散落，黏附上。

082　鷹爪：嫩茶。因其狀如鷹爪，故稱。宋顧文薦《負暄雜錄‧建茶品第》：「凡

肉四個去皮，筍片四兩，好火腿二兩，麻油一兩。將肉
入鍋，秋油、酒煨至五分熟，再加餘物，海蜇下在最後。

◆ 菜花頭煨肉

用臺心菜嫩蕊，微醃，晒乾用之。

◆ 炒肉絲

切細絲，去筋襻、皮、骨，用清醬、酒郁片時，用菜油
熬起，白煙變青煙後，下肉炒勻，不停手，加蒸粉，醋
一滴，糖一撮，蔥白、韭蒜之類；只炒半斤，大火，不
用水。又一法：用油泡後，用醬水加酒略煨，起鍋紅色，
加韭菜尤香。

◆ 炒肉片

將肉精、肥各半，切成薄片，清醬拌之。入鍋油炒，聞
響即加醬、水、蔥、瓜、冬筍、韭芽，起鍋火要猛烈。

◆ 八寶肉圓

豬肉精、肥各半，斬成細醬，用松仁、香蕈、筍尖、荸
薺、瓜、薑之類，斬成細醬，加纖粉和捏成團，放入盤
中，加甜酒、秋油蒸之。入口鬆脆。家致華云：「肉圓宜
切不宜斬。」必別有所見。

茶芽數品，最上曰小芽，如雀舌、鷹爪，以其勁直纖銳，故號芽茶。」

◆ 空心肉圓

將肉捶碎郁過，用凍豬油一小團作餡子，放在團內蒸之，則油流去，而糰子空矣。此法鎮江人最善。

◆ 鍋燒肉

煮熟不去皮，放麻油灼過，切塊加鹽，或蘸清醬，亦可。

◆ 醬肉

先微醃，用麵醬醬之，或單用秋油拌郁，風乾。

◆ 糟肉

先微醃，再加米糟。

◆ 暴醃肉

微鹽擦揉，三日內即用。以上三味，皆冬月菜[083]也。春夏不宜。

◆ 尹文端公家風肉

殺豬一口，斬成八塊，每塊炒鹽四錢，細細揉擦，使之無微不到。然後高掛有風無日處。偶有蟲蝕，以香油塗

083　冬月菜：冬天醃製的菜。冬月即農曆十一月。有的譯本將它理解為「冬天食用的菜」或欠妥，〈時節須知〉中寫道：「夏宜食乾臘，移之於冬，非其時也。」說明袁枚並不認為冬天醃製的乾肉適合在冬天吃。

之。夏日取用，先放水中泡一宵，再煮，水亦不可太多太少，以蓋肉面為度。削片時，用快刀橫切，不可順肉絲而斬也。此物唯尹府至精，常以進貢。今徐州風肉不及，亦不知何故。

◆ 家鄉肉

杭州家鄉肉，好醜不同。有上、中、下三等。大概淡而能鮮，精肉可橫咬者為上品。放久即是好火腿。

◆ 筍煨火肉

冬筍切方塊，火肉切方塊，同煨。火腿撤去鹽水兩遍，再入冰糖煨爛。席武山別駕云：凡火肉煮好後，若留作次日吃者，須留原湯，待次日將火肉投入湯中滾熱才好。若乾放離湯，則風燥而肉枯；用白水，則又味淡。

◆ 燒小豬

小豬一個，六七斤重者，鉗毛去穢，叉上炭火炙之。要四面齊到，以深黃色為度。皮上慢慢以奶酥油塗之，屢塗屢炙。食時酥為上，脆次之，硬斯下矣。旗人有單用酒、秋油蒸者，亦惟吾家龍文弟，頗得其法。

◆ **燒豬肉**

凡燒豬肉，須耐性。先炙裡面肉，使油膏走入皮內，則皮鬆脆而味不走。若先炙皮，則肉上之油盡落火上，皮既焦硬，味亦不佳。燒小豬亦然。

◆ **排骨**

取勒條排骨精肥各半者，抽去當中直骨，以蔥代之，炙用醋、醬，頻頻刷上，不可太枯。

◆ **羅蓑肉**

以作雞鬆法作之。存蓋面之皮。將皮下精肉斬成碎團，加佐料烹熟。聶廚能之。

◆ **端州三種肉**

一羅蓑肉。一鍋燒白肉，不加佐料，以芝麻、鹽拌之；切片煨好，以清醬拌之。三種俱宜於家常。端州聶、李二廚所作。特令楊二學之。

◆ **楊公圓**

楊明府作肉圓，大如茶杯，細膩絕倫。湯尤鮮潔，入口如酥。大概去筋去節，斬之極細，肥瘦各半，用芡合勻。

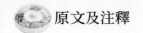

◆ 黃芽菜煨火腿

用好火腿，削下外皮，去油存肉。先用雞湯，將皮煨酥，再將肉煨酥，放黃芽菜心，連根切段，約二寸許長；加蜜、酒釀及水，連煨半日。上口甘鮮，肉菜俱化，而菜根及菜心絲毫不散。湯亦美極。朝天宮道士法也。

◆ 蜜火腿

取好火腿，連皮切大方塊，用蜜酒煨極爛，最佳。但火腿好醜、高低，判若天淵。雖出金華、蘭溪、義烏三處，而有名無實者多。其不佳者，反不如醃肉矣。惟杭州忠清裡王三房家，四錢一斤者佳。余在尹文端公蘇州公館吃過一次，其香隔戶便至，甘鮮異常。此後不能再遇此尤物矣。

雜牲單

牛、羊、鹿三牲,非南人家常時有之之物。然製法不可不知,作〈雜牲單〉。

◆ 牛肉

買牛肉法,先下各鋪定錢,湊取腿筋夾肉處,不精不肥。然後帶回家中,剔去皮膜,用三分酒、二分水清煨,極爛;再加秋油收湯。此太牢獨味孤行者[084]也,不可加別物配搭。

◆ 牛舌

牛舌最佳。去皮、撕膜、切片,入肉中同煨。亦有冬醃風乾者,隔年食之,極似好火腿。

◆ 羊頭

羊頭毛要去淨;如去不淨,用火燒之。洗淨切開,煮爛去骨。其口內老皮,俱要去淨。將眼睛切成二塊,去黑皮,眼珠不用,切成碎丁。取老肥母雞湯煮之,加香蕈、筍丁,甜酒四兩、秋油一杯。如吃辣,用小胡椒十二顆、蔥花十二段;如吃酸,用好米醋一杯。

084　太牢獨味孤行者:在牛、羊、豬中,牛肉是屬於不需要用配菜的肉類。太牢:古代帝王祭祀社稷時,牛、羊、豕(豬)三牲全備為「太牢」。

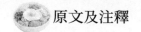

◈ 羊蹄

煨羊蹄，照煨豬蹄法，分紅、白二色。大抵用清醬者
紅，用鹽者白。山藥配之宜。

◈ 羊羹

取熟羊肉斬小塊，如骰子大。雞湯煨，加筍丁、香蕈
丁、山藥丁同煨。

◈ 羊肚羹

將羊肚洗淨，煮爛切絲，用本湯煨之。加胡椒、醋俱
可。北人炒法，南人不能如其脆。錢璵沙方伯家，鍋燒
羊肉極佳，將求其法。

◈ 紅煨羊肉

與紅煨豬肉同。加刺眼核桃，放入去膻。亦古法也。

◈ 炒羊肉絲

與炒豬肉絲同。可以用纖，愈細愈佳。蔥絲拌之。

◈ 燒羊肉

羊肉切大塊，重五七斤者，鐵叉火上燒之。味果甘脆，
宜惹宋仁宗夜半之思也 [085]。

085　宋仁宗夜半之思：據《宋史·仁宗本紀》載：「宮中夜飢，思膳燒羊，戒勿宣

◆ 全羊

全羊法有七十二種，可吃者不過十八九種而已。此屠龍之
技，家廚難學。一盤一碗，雖全是羊肉，而味各不同才好。

◆ 鹿肉

鹿肉不可輕得。得而製之，其嫩鮮在獐肉之上。燒食
可，煨食亦可。

◆ 鹿筋二法

鹿筋難爛。須三日前，先捶煮之，絞出臊水數遍，加肉
汁湯煨之，再用雞汁湯煨；加秋油、酒，微纖收湯；不
攙他物，便成白色，用盤盛之。如兼用火腿、冬筍、香
蕈同煨，便成紅色，不收湯，以碗盛之。白色者，加花
椒細末。

◆ 獐肉

製獐肉，與製牛、鹿同。可以作脯。不如鹿肉之活，而
細膩過之。

索，恐膳夫自此戕賊物命，以備不時之須。」宋仁宗怕御膳房每天殺羊以備
他不時之需，為萬千頭羊的性命著想，半夜想吃燒羊了，也不說。梁晉竹筆
記小說《帝王言動》裡也有類似的逸事，說的是宋藝祖（即宋太祖趙匡胤）：
「宋藝祖夜半思食羊肝，左右曰：『何不言？』帝曰：『若言之，則大官必日
殺一羊矣。』」

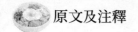

◆ **果子貍**

果子貍，鮮者難得。其醃乾者，用蜜酒釀，蒸熟，快刀切片上桌。先用米泔水泡一日，去盡鹽穢。較火腿覺嫩而肥。

◆ **假牛乳**

用雞蛋清拌蜜酒釀，打摋入化，上鍋蒸之。以嫩膩為主。火候遲便老，蛋清太多亦老。

◆ **鹿尾**

尹文端公品味，以鹿尾為第一。然南方人不能常得。從北京來者，又苦不鮮新。余嘗得極大者，用菜葉包而蒸之，味果不同。其最佳處，在尾上一道漿[086]耳。

086　一道漿：指尾端脂肪濃厚處。

羽族單

　　雞功最巨，諸菜賴之。如善人積陰德而人不知。故令領羽族之首，而以他禽附之。作〈羽族單〉。

◆ 白片雞

　　肥雞白片，自是太羹、玄酒之味 [087]。尤宜於下鄉村、入旅店，烹飪不及之時，最為省便。煮時水不可多。

◆ 雞鬆

　　肥雞一隻，用兩腿，去筋骨剁碎，不可傷皮。用雞蛋清、粉纖、松子肉，同剁成塊。如腿不敷用，添脯子肉，切成方塊，用香油灼黃，起放鉢頭內，加百花酒半斤、秋油一大杯、雞油一鐵勺，加冬筍、香蕈、薑、蔥等。將所餘雞骨皮蓋面，加水一大碗，下蒸籠蒸透，臨吃去之。

◆ 生炮雞

　　小雛雞斬小方塊，秋油、酒拌，臨吃時拿起，放滾油內灼之，起鍋又灼，連灼三回，盛起，用醋、酒、粉纖、蔥花噴之。

087　太羹、玄酒：太羹：古代祭祀時所用的不加調料的肉汁。玄酒：指水。上古無酒，祭祀用水，以水代酒。此處指食物的原汁原味。

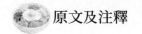

◆ **雞粥**

肥母雞一隻,用刀將兩脯肉去皮細刮,或用刨刀亦可;
只可刮刨,不可斬,斬之便不膩矣。再用餘雞熬湯下
之。吃時加細米粉、火腿屑、松子肉,共敲碎放湯內。
起鍋時放蔥、薑,澆雞油,或去渣,或存渣,俱可。宜
於老人。大概斬碎者去渣,刮刨者不去渣。

◆ **焦雞**

肥母雞洗淨,整下鍋煮。用豬油四兩、茴香四個,煮成
八分熟,再拿香油灼黃,還下原湯熬濃,用秋油、酒、
整蔥收起。臨上片碎,並將原滷澆之,或拌蘸亦可。此
楊中丞家法也。方輔兄家亦好。

◆ **捶雞**

將整雞捶碎,秋油、酒煮之。南京高南昌太守家製之
最精。

◆ **炒雞片**

用雞脯肉去皮,斬成薄片。用豆粉、麻油、秋油拌之,
纖粉調之,雞蛋清拌。臨下鍋加醬、瓜、薑、蔥花末。
須用極旺之火炒。一盤不過四兩,火氣才透。

◆ 蒸小雞

用小嫩雞雛，整放盤中，上加秋油、甜酒、香蕈、筍尖，飯鍋上蒸之。

◆ 醬雞

生雞一隻，用清醬浸一晝夜，而風乾之。此三冬菜也。

◆ 雞丁

取雞脯子，切骰子小塊，入滾油炮炒之，用秋油、酒收起；加荸薺丁、筍丁、香蕈丁拌之，湯以黑色為佳。

◆ 雞圓

斬雞脯子肉為圓，如酒杯大，鮮嫩如蝦團。揚州臧八太爺家製之最精。法用豬油、蘿蔔、纖粉揉成，不可放餡。

◆ 蘑菇煨雞 [088]

口蘑菇四兩，開水泡去砂，用冷水漂，牙刷擦，再用清水漂四次，用菜油二兩炮透，加酒噴。將雞斬塊放鍋內，滾去沫，下甜酒、清醬，煨八分功程，下蘑菇，再煨二分功程，加筍、蔥、椒起鍋，不用水，加冰糖三錢。

088　此單中有兩篇「蘑菇煨雞」，方法基本差不多，疑重複。

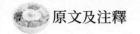

◆ **梨炒雞**

取雛雞胸肉切片，先用豬油三兩熬熟，炒三四次，加麻油一瓢，纖粉、鹽花、薑汁、花椒末各一茶匙，再加雪梨薄片、香蕈小塊，炒三四次起鍋，盛五寸盤。

◆ **假野雞捲**

將脯子斬碎，用雞子一個，調清醬郁之，將網油畫碎，分包小包，油裡炮透，再加清醬、酒佐料，香蕈、木耳起鍋，加糖一撮。

◆ **黃芽菜炒雞**

將雞切塊，起油鍋生炒透，酒滾二三十次，加秋油後滾二三十次，下水滾。將菜切塊，俟雞有七分熟，將菜下鍋；再滾三分，加糖、蔥、大料。其菜要另滾熟攙用。每一隻用油四兩。

◆ **栗子炒雞**

雞斬塊，用菜油二兩炮，加酒一飯碗，秋油一小杯，水一飯碗，煨七分熟。先將栗子煮熟，同筍下之，再煨三分起鍋，下糖一撮。

◆ **灼八塊**

嫩雞一隻，斬八塊，滾油炮透，去油，加清醬一杯、酒半斤，煨熟便起，不用水，用武火。

◆ **珍珠團**

熟雞脯子，切黃豆大塊，清醬、酒拌勻，用乾麵滾滿，入鍋炒。炒用素油。

◆ **黃耆蒸雞治瘵**[089]

取童雞未曾生蛋者殺之，不見水，取出肚臟，塞黃耆[090]一兩，架箸放鍋內蒸之，四面封口，熟時取出。滷濃而鮮，可療弱症。

◆ **滷雞**

囫圇雞一隻，肚內塞蔥三十條、茴香二錢，用酒一斤、秋油一小杯半，先滾一枝香，加水一斤、脂油二兩，一齊同煨；待雞熟，取出脂油。水要用熟水，收濃滷一飯碗才取起；或拆碎，或薄刀片之，仍以原滷拌食。

089　瘵（ㄓㄞˋ）：病，多指癆病。
090　黃耆：又名綿芪。多年生草本，有一定的藥用價值。

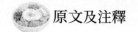

◆ **蔣雞**

童子雞一隻,用鹽四錢、醬油一匙、老酒半茶杯、薑三大片,放砂鍋內,隔水蒸爛,去骨,不用水。蔣御史家法也。

◆ **唐雞**

雞一隻,或二斤,或三斤,如用二斤者,用酒一飯碗、水三飯碗;用三斤者,酌添。先將雞切塊,用菜油二兩,候滾熟,爆雞要透。先用酒滾一二十滾,再下水約二三百滾;用秋油一酒杯;起鍋時加白糖一錢。唐靜涵家法也。

◆ **雞肝**

用酒、醋噴炒,以嫩為貴。

◆ **雞血**

取雞血為條,加雞湯、醬、醋、纖粉作羹,宜於老人。

◆ **雞絲**

拆雞為絲,秋油、芥末、醋拌之。此杭菜也。加筍加芹俱可。用筍絲、秋油、酒炒之亦可。拌者用熟雞,炒者用生雞。

◆ **糟雞**

糟雞法,與糟肉同。

◆ 雞腎

取雞腎三十個，煮微熟，去皮，用雞湯加佐料煨之。鮮嫩絕倫。

◆ 雞蛋

雞蛋去殼放碗中，將竹箸打一千回蒸之，絕嫩。凡蛋一煮而老，一千煮而反嫩。加茶葉煮者，以兩炷香為度。蛋一百，用鹽一兩；五十，用鹽五錢。加醬煨亦可。其他則或煎或炒俱可。斬碎黃雀蒸之，亦佳。

◆ 野雞五法

野雞披胸肉，清醬郁過，以網油包放鐵奩上燒之。作方片可，作卷子亦可。此一法也。切片加佐料炒，一法也。取胸肉作丁，一法也。當家雞整煨，一法也。先用油灼拆絲，加酒、秋油、醋，同芹菜冷拌，一法也。生片其肉，入火鍋中，登時便吃，亦一法也。其弊在肉嫩則味不入，味入則肉又老。

◆ 赤燉肉雞

赤燉肉雞，洗切淨，每一斤用好酒十二兩、鹽二錢五分、冰糖四錢，研酌加桂皮，同入砂鍋中，文炭火煨之。倘酒將乾，雞肉尚未爛，每斤酌加清開水一茶杯。

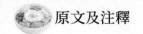

◆ **蘑菇煨雞**

雞肉一斤,甜酒一斤,鹽三錢,冰糖四錢,蘑菇用新鮮不霉者,文火煨兩枝線香為度。不可用水,先煨雞八分熟,再下蘑菇。

◆ **鴿子**

鴿子加好火腿同煨,甚佳。不用火腿亦可。

◆ **鴿蛋**

煨鴿蛋法,與煨雞腎同。或煎食亦可,加微醋亦可。

◆ **野鴨**

野鴨切厚片,秋油郁過,用兩片雪梨夾住炮炒之。蘇州包道台家製法最精,今失傳矣。用蒸家鴨法蒸之,亦可。

◆ **蒸鴨**

生肥鴨去骨,內用糯米一酒杯、火腿丁、大頭菜丁、香蕈、筍丁、秋油、酒、小磨麻油、蔥花,俱灌鴨肚內,外用雞湯放盤中,隔水蒸透。此真定魏太守家法也。

◆ **鴨糊塗**

用肥鴨,白煮八分熟,冷定去骨,拆成天然不方不圓之塊,下原湯內煨,加鹽三錢、酒半斤,捶碎山藥,同下

鍋作纖,臨煨爛時,再加薑末、香蕈、蔥花。如要濃
湯,加放粉纖。以芋代山藥亦妙。

◆ **滷鴨**

不用水,用酒,煮鴨去骨,加佐料食之。高要令楊公家
法也。

◆ **鴨脯**

用肥鴨,斬大方塊,用酒半斤、秋油一杯、筍、香蕈、
蔥花悶之,收滷起鍋。

◆ **燒鴨**

用雛鴨,上叉燒之。馮觀察家廚最精。

◆ **掛滷鴨**

塞蔥鴨腹,蓋悶而燒。水西門許店最精。家中不能作。
有黃、黑二色,黃者更妙。

◆ **乾蒸鴨**

杭州商人何星舉家乾蒸鴨。將肥鴨一隻,洗淨斬八塊,
加甜酒、秋油,淹滿鴨面,放磁罐中封好,置乾鍋中蒸
之;用文炭火,不用水,臨上時,其精肉皆爛如泥。以
線香二枝為度。

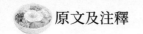

◆ **野鴨團**

細斬野鴨胸前肉，加豬油微纖，調揉成團，入雞湯滾
之。或用本鴨湯亦佳。太興孔親家製之甚精。

◆ **徐鴨**

頂大鮮鴨一隻，用百花酒十二兩、青鹽一兩二錢、滾水
一湯碗，沖化去渣沫，再兌冷水七飯碗，鮮薑四厚片，
約重一兩，同入大瓦蓋鉢內，將皮紙封固口，用大火籠
燒透大炭吉 [091] 三元（約二文一個）；外用套包一個，將火
籠罩定，不可令其走氣。約早點時燉起，至晚方好。速
則恐其不透，味便不佳矣。其炭吉燒透後，不宜更換瓦
鉢，亦不宜預先開看。鴨破開時，將清水洗後，用潔淨
無漿布拭乾入鉢。

◆ **煨麻雀**

取麻雀五十隻，以清醬、甜酒煨之，熟後去爪腳，單取
雀胸、頭肉，連湯放盤中，甘鮮異常。其他鳥鵲俱可類
推。但鮮者一時難得。薛生白常勸人：「勿食人間豢養之
物。」以野禽味鮮，且易消化。

091　炭吉：一種燃料。

◆ 煨鵪鶉、黃雀

鵪鶉[092] 用六合來者最佳。有現成製好者。黃雀用蘇州糟加蜜酒煨爛，下佐料，與煨麻雀同。蘇州沈觀察煨黃雀，並骨如泥，不知作何製法。炒魚片亦精。其廚饌之精，合吳門推為第一。

◆ 雲林鵝

倪《雲林集》[093] 中，載製鵝法。整鵝一隻，洗淨後，用鹽三錢擦其腹內，塞蔥一帚填實其中，外將蜜拌酒通身滿塗之，鍋中一大碗酒、一大碗水蒸之，用竹箸架之，不使鵝身近水。灶內用山茅二束，緩緩燒盡為度。俟鍋蓋冷後，揭開鍋蓋，將鵝翻身，仍將鍋蓋封好蒸之，再用茅柴一束，燒盡為度；柴俟其自盡，不可挑撥。鍋蓋用綿紙糊封，逼燥裂縫，以水潤之。起鍋時，不但鵝爛如泥，湯亦鮮美。以此法製鴨，味美亦同。每茅柴一束，重一斤八兩。擦鹽時，串入蔥、椒末子，以酒和勻。《雲林集》中，載食品甚多；只此一法，試之頗效，余俱附會。

092　鵪鶉（ㄢ ㄔㄨㄣˊ）：亦稱「鵪（ㄐㄧㄠ）鵪」。是一類小型鳴禽，身長在十到十七公分之間。

093　《雲林集》：應該是《雲林堂飲食制度集》，為元代畫家、文學家倪瓚（字元鎮，號雲林子）所著的烹飪專著。下文中《雲林集》亦是指該書。

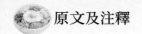

◆ **燒鵝**

杭州燒鵝，為人所笑，以其生也。不如家廚自燒為妙。

水族有鱗單

魚皆去鱗，唯鰣魚不去。我道有鱗而魚形始全。作〈水族有鱗單〉。

◆ 邊魚

邊魚活者，加酒、秋油蒸之。玉色為度。一作呆白色，則肉老而味變矣。並須蓋好，不可受鍋蓋上之水氣。臨起加香蕈、筍尖。或用酒煎亦佳，用酒不用水，號「假鰣魚」。

◆ 鯽魚

鯽魚先要善買。擇其扁身而帶白色者，其肉嫩而鬆；熟後一提，肉即卸骨而下。黑脊渾身者，倔強槎枒，魚中之喇子[094]也，斷不可食。照邊魚蒸法，最佳。其次煎吃亦妙。拆肉下可以作羹。通州人能煨之，骨尾俱酥，號「酥魚」，利小兒食。然總不如蒸食之得真味也。六合龍池[095]出者，愈大愈嫩，亦奇。蒸時用酒不用水，稍稍用糖以起其鮮。以魚之小大，酌量秋油、酒之多寡。

094　喇子：謂流氓無賴及刁滑凶悍者。《儒林外史》第二九回：「他是個喇子，他屢次來騙我。」

095　六合龍池：位於今南京六合區的龍池。傳說中被公婆虐待的童養媳與一條烏龍結婚，繁衍的後代即是龍池的大鯽魚。

◆ 白魚

白魚肉最細。用糟鰣魚同蒸之，最佳。或冬日微醃，加
酒釀糟二日，亦佳。余在江中得網起活者，用酒蒸食，
美不可言。糟之最佳；不可太久，久則肉木矣。

◆ 季魚

季魚少骨，炒片最佳。炒者以片薄為貴。用秋油細郁後，
用纖粉、蛋清摟之，入油鍋炒，加佐料炒之。油用素油。

◆ 土步魚

杭州以土步魚[096]為上品。而金陵人賤之，目為虎頭蛇，
可發一笑。肉最鬆嫩。煎之、煮之、蒸之俱可。加醃芥
作湯、作羹，尤鮮。

◆ 魚鬆

用青魚、鰣魚蒸熟，將肉拆下，放油鍋中灼之，黃色，
加鹽花、蔥、椒、瓜、薑。冬日封瓶中，可以一月。

◆ 魚圓

用白魚、青魚活者，剖半釘板上，用刀刮下肉，留刺在
板上；將肉斬化，用豆粉、豬油拌，將手攪之；放微微

096　土步魚：又名沙鱧，屬魚綱塘鱧科，江蘇人直稱之為塘鱧魚。杭州西湖盛產
　　　此魚。

鹽水，不用清醬，加蔥、薑汁作團，成後，放滾水中煮熟撩起，冷水養之，臨吃入雞湯、紫菜滾。

◆ **魚片**

取青魚、季魚片，秋油郁之，加纖紛、蛋清，起油鍋炮炒，用小盤盛起，加蔥、椒、瓜、薑，極多不過六兩，太多則火氣不透。

◆ **鰱魚豆腐**

用大鰱魚煎熟，加豆腐，噴醬、水、蔥、酒滾之，俟湯色半紅起鍋，其頭味尤美。此杭州菜也。用醬多少，須相魚而行。

◆ **醋摟魚**

用活青魚切大塊，油灼之，加醬、醋、酒噴之，湯多為妙。俟熟即速起鍋。此物杭州西湖上五柳居⁰⁹⁷ 最有名。而今則醬臭而魚敗矣。甚矣！宋嫂魚羹⁰⁹⁸，徒存虛名。

097 　五柳居：陶淵明因宅邊栽有五棵柳樹而自稱「五柳先生」。相傳明朝末年，有隱士隱於南京烏龍潭附近，因慕陶淵明高義，也效其自栽五棵柳樹，號「五柳居士」；是他用烏龍潭所產烏背青魚為原料，獨創了這道醋摟魚，因而該菜又名「五柳居」。袁枚此處所述者，為清朝時開設於西湖畔孤山六一泉東側的一家餐館，以善製醋摟魚著稱。

098 　宋嫂魚羹：據說南宋時期，宋五嫂在西湖邊上經營魚羹小店，宋高宗曾一嘗之。或云：西湖醋摟魚便是從宋嫂魚羹演變而來的。所以袁枚才會將對西湖醋魚的失望，轉而為對宋嫂魚羹的不信服。比袁枚小幾十歲的梁晉竹也表達

《夢粱錄》[099]不足信也。魚不可大,大則味不入;不可小,小則刺多。

◆ 銀魚

銀魚[100]起水時,名冰鮮。加雞湯、火腿湯煨之。或炒食甚嫩。乾者泡軟,用醬水炒亦妙。

◆ 台鯗

台鯗好醜不一。發表州松門者為佳,肉軟而鮮肥。生時拆之,便可當作小菜,不必煮食也;用鮮肉同煨,須肉爛時放鯗;否則,鯗消化不見矣。凍之即為鯗凍。紹興人法也。

◆ 糟鯗

冬日用大鯉魚醃而乾之,入酒糟,置壇中,封口。夏日食之。不可燒酒作泡。用燒酒者,不無辣味。

過類似的觀點,他在《兩般秋雨盦隨筆》裡寫道:「西湖醋魚,相傳是宋五嫂遺製,近則工料簡潦,直不見其佳處。然名留刀匕,四遠皆知。」

099　《夢粱錄》:宋末元初文人吳自牧著作,共二十卷,著於宋亡之後。該書介紹了南宋都城臨安城市風貌,記載了當時的錢塘盛況,其中就有提到「錢塘門外宋五嫂魚羹」。

100　銀魚:體長略圓,細嫩透明,色澤如銀,見於東亞淡水和鹹水中,有從海洋至江河洄游的習性,多生活於中下層水域,除缺氧外,極少發現在上層活動。在中國,主要產於長江口水域。俗稱冰魚、玻璃魚等。

◆ 蝦子鯚鰲

夏日選白淨帶子鯚鰲，放水中一日，泡去鹽味，太陽晒乾，入鍋油煎，一面黃取起，以一面未黃者鋪上蝦子，放盤中，加白糖蒸之，以一炷香為度。三伏日食之絕妙。

◆ 魚脯

活青魚去頭尾，斬小方塊，鹽醃透，風乾，入鍋油煎；加佐料收滷，再炒芝麻滾拌起鍋。蘇州法也。

◆ 家常煎魚

家常煎魚，須要耐性。將鯶魚洗淨，切塊鹽醃，壓扁，入油中兩面熯[101]黃，多加酒、秋油，文火慢慢滾之，然後收湯作滷，使佐料之味全入魚中。第此法指魚之不活者而言。如活者，又以速起鍋為妙。

◆ 黃姑魚

岳州[102]出小魚，長二三寸，晒乾寄來。加酒剝皮，放飯鍋上，蒸而食之，味最鮮，號「黃姑魚」。

---

101 熯（ㄏㄢˋ）：燒，烘烤。此處意為煎烤。
102 岳州：今湖南嶽陽

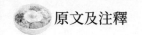

水族無鱗單

魚無鱗者，其腥加倍，須加意烹飪，以薑、桂勝之。作〈水族無鱗單〉。

◆ 湯鰻

鰻魚最忌出骨。因此物性本腥重，不可過於擺布，失其天真，猶鰣魚之不可去鱗也。清煨者，以河鰻一條，洗去滑涎，斬寸為段，入磁罐中，用酒水煨爛，下秋油起鍋，加冬醃新芥菜作湯，重用蔥、薑之類，以殺其腥。常熟顧比部家，用纖粉、山藥乾煨，亦妙。或加佐料，直置盤中蒸之，不用水。家致華分司蒸鰻最佳。秋油、酒四六兌，務使湯浮於本身。起籠時，尤要恰好，遲則皮皺味失。

◆ 紅煨鰻

鰻魚用酒、水煨爛，加甜醬代秋油，入鍋收湯煨乾，加茴香、大料起鍋。有三病宜戒者：一皮有皺紋，皮便不酥；一肉散碗中，箸夾不起；一早下鹽豉，入口不化。揚州朱分司家製之最精。大抵紅煨者以乾為貴，使滷味收入鰻肉中。

◆ 炸鰻

擇鰻魚大者，去首尾，寸斷之。先用麻油炸熟，取起；

另將鮮蒿菜嫩尖入鍋中，仍用原油炒透，即以鰻魚平鋪
菜上，加佐料，煨一炷香。蒿菜分量，較魚減半。

◆ **生炒甲魚**

將甲魚去骨，用麻油炮炒之，加秋油一杯、雞汁一杯。
此真定魏太守家法也。

◆ **醬炒甲魚**

將甲魚煮半熟，去骨，起油鍋炮炒，加醬水、蔥、椒，
收湯成滷，然後起鍋。此杭州法也。

◆ **帶骨甲魚**

要一個半斤重者，斬四塊，加脂油三兩，起油鍋煎兩面
黃，加水、秋油、酒煨；先武火，後文火，至八分熟加
蒜，起鍋用蔥、薑、糖。甲魚宜小不宜大。俗號「童子腳
魚」才嫩。

◆ **青鹽甲魚**

斬四塊，起油鍋炮透。每甲魚一斤，用酒四兩、大茴香三
錢、鹽一錢半，煨至半好，下脂油二兩，切小豆塊再煨，
加蒜頭、筍尖，起時用蔥、椒，或用秋油，則不用鹽。此
蘇州唐靜涵家法。甲魚大則老，小則腥，須買其中樣者。

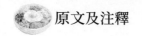

◆ 湯煨甲魚

將甲魚白煮，去骨拆碎，用雞湯、秋油、酒煨湯二碗，收至一碗，起鍋，用蔥、椒、薑末糝之。吳竹嶼家製之最佳。微用芡，才得湯膩。

◆ 全殼甲魚

山東楊參將家，製甲魚去首尾，取肉及裙，加佐料煨好，仍以原殼覆之。每宴客，一客之前以小盤獻一甲魚。見者悚然，猶慮其動。惜未傳其法。

◆ 鱔絲羹

鱔魚煮半熟，劃絲去骨，加酒、秋油煨之，微用纖粉，用真金菜、冬瓜、長蔥為羹。南京廚者輒製鱔為炭，殊不可解。

◆ 炒鱔

拆鱔絲炒之，略焦，如炒肉雞之法，不可用水。

◆ 段鱔

切鱔以寸為段，照煨鰻法煨之，或先用油炙，使堅，再以冬瓜、鮮筍、香蕈作配，微用醬水，重用薑汁。

◆ 蝦圓

蝦圓照魚圓法。雞湯煨之，乾炒亦可。大概捶蝦時，不宜過細，恐失真味。魚圓亦然。或竟剝蝦肉，以紫菜拌之，亦佳。

◆ 蝦餅

以蝦捶爛，團而煎之，即為蝦餅。

◆ 醉蝦

帶殼用酒炙黃撈起，加清醬、米醋煨之，用碗悶之。臨食放盤中，其殼俱酥。

◆ 炒蝦

炒蝦照炒魚法，可用韭配。或加冬醃芥菜，則不可用韭矣。有捶扁其尾單炒者，亦覺新異。

◆ 蟹

蟹宜獨食，不宜搭配他物。最好以淡鹽湯煮熟，自剝自食為妙。蒸者味雖全，而失之太淡。

◆ 蟹羹

剝蟹為羹，即用原湯煨之，不加雞汁，獨用為妙。見俗

廚從中加鴨舌，或魚翅，或海參者，徒奪其味而惹其腥惡，劣極矣！

◆ **炒蟹粉**

以現剝現炒之蟹為佳。過兩個時辰，則肉乾而味失。

◆ **剝殼蒸蟹**

將蟹剝殼，取肉、取黃，仍置殼中，放五六只在生雞蛋上蒸之。上桌時完然一蟹，唯去爪腳。比炒蟹粉覺有新色 [103]。楊蘭坡明府以南瓜肉拌蟹，頗奇。

◆ **蛤蜊**

剝蛤蜊 [104] 肉，加韭菜炒之佳。或為湯亦可。起遲便枯。

◆ **蚶**

蚶 [105] 有三吃法。用熱水噴之，半熟去蓋，加酒、秋油醉之；或用雞湯滾熟，去蓋入湯；或全去其蓋，作羹亦可。但宜速起，遲則肉枯。蚶出奉化縣，品在車螯、蛤蜊之上。

103　新色：新奇，新意。
104　蛤蜊：雙殼類軟體動物。俗稱「花甲」。
105　蚶（ㄏㄢ）：雙殼類軟體動物。其殼比蛤蜊更厚，且具有凸棱。

◆ **車螯**

先將五花肉切片，用佐料悶爛。將車螯[106]洗淨，麻油炒，仍將肉片連滷烹之。秋油要重些，方得有味。加豆腐亦可。車螯從揚州來，慮壞則取殼中肉，置豬油中，可以遠行。有晒為乾者，亦佳。入雞湯烹之，味在蟶乾之上。捶爛車螯作餅，如蝦餅樣，煎吃加佐料亦佳。

◆ **程澤弓蟶乾**

程澤弓商人家製蟶[107]乾，用冷水泡一日，滾水煮兩日，撤湯五次。一寸之乾，發開有二寸，如鮮蟶一般，才入雞湯煨之。揚州人學之，俱不能及。

◆ **鮮蟶**

烹蟶法與車螯同。單炒亦可。何春巢家蟶湯豆腐之妙，竟成絕品。

◆ **水雞**

水雞[108]去身用腿，先用油灼之，加秋油、甜酒、瓜、薑起鍋。或拆肉炒之，味與雞相似。

106　車螯（ㄠˊ）：蛤的一種。璀璨如玉，有斑點。肉可食。肉殼皆入藥。自凸即為海味珍品。

107　蟶（ㄔㄥ）：蟶子，軟體動物，介殼長方形，淡褐色。

108　水雞：即青蛙。

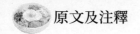

◆ 燻蛋

將雞蛋加佐料煨好，微微燻乾，切片放盤中，可以佐膳。

◆ 茶葉蛋

雞蛋百個，用鹽一兩、粗茶葉煮兩枝線香為度。如蛋五十個，只用五錢鹽，照數加減。可作點心。

雜素菜單

菜有葷素，猶衣有表裡也。富貴之人，嗜素甚於嗜葷。作〈素菜單〉。

蔣侍郎豆腐

豆腐兩面去皮，每塊切成十六片，晾乾；用豬油熬，清煙起才下豆腐，略灑鹽花一撮，翻身後，用好甜酒一茶杯、大蝦米一百二十個；如無大蝦米，用小蝦米三百個。先將蝦米滾泡一個時辰，秋油一小杯，再滾一回，加糖一撮，再滾一回，用細蔥半寸許長，一百二十段，緩緩起鍋。

楊中丞豆腐

用嫩豆腐，煮去豆氣，入雞湯，同鰒魚片滾數刻，加糟油、香蕈起鍋。雞汁須濃，魚片要薄。

張愷豆腐

將蝦米搗碎，入豆腐中，起油鍋，加佐料乾炒。

慶元豆腐

將豆豉一茶杯，水泡爛，入豆腐同炒起鍋。

◆ **芙蓉豆腐**

用腐腦，放井水泡三次，去豆氣，入雞湯中滾，起鍋時加紫菜、蝦肉。

◆ **王太守八寶豆腐**

用嫩片切粉碎，加香蕈屑、蘑菇屑、松子仁屑、瓜子仁屑、雞屑、火腿屑，同入濃雞汁中，炒滾起鍋。用腐腦亦可。用瓢不用箸。孟亭太守云：「此聖祖師[109]賜徐健庵尚書方也。尚書取方時，御膳房費一千兩。」太守之祖樓村先生為尚書門生，故得之。

◆ **程立萬豆腐**

乾隆廿三年，同金壽門[110]在揚州程立萬家食煎豆腐，精絕無雙。其腐兩面黃乾，無絲毫滷汁，微有車螯鮮味，然盤中並無車螯及他雜物也。次日告查宣門，查曰：「我能之！我當特請。」已而，同杭董莆同食於查家，則上箸大笑，乃純是雞、雀腦為之，並非真豆腐，肥膩難耐矣。其費十倍於程，而味遠不及也。惜其時，余以妹喪[111]急歸，不及向程求方。程踰年亡。至今悔之。仍存

109　聖祖師：清聖祖愛新覺羅·玄燁，即康熙帝。
110　金壽門：金姓的壽門。壽門：官職。下文「查宣門」亦作此解。
111　妹喪：袁枚三妹袁機於乾隆二十三年（西元一七五九年）病逝，時年三十九。袁機聰慧，極具詩才，然而命途坎坷。西元一七四八年，因屢受丈

其名，以俟再訪。

◆ 凍豆腐

將豆腐凍一夜，切方塊，滾去豆味，加雞湯汁、火腿汁、肉汁煨之。上桌時，撤去雞、火腿之類，單留香蕈、冬筍。豆腐煨久則鬆，面起蜂窩，如凍腐矣。故炒腐宜嫩，煨者宜老。家致華分司，用蘑菇煮豆腐，雖夏月亦照凍腐之法，甚佳。切不可加葷湯，致失清味。

◆ 蝦油豆腐

取陳蝦油代清醬炒豆腐。須兩面熯黃。油鍋要熱，用豬油、蔥、椒。

◆ 蓬蒿菜

取蒿尖，用油灼瘰，放雞湯中滾之，起時加松菌百枚。

◆ 蕨菜

用蕨菜，不可愛惜，須盡去其枝葉，單取直根，洗淨煨爛，再用雞肉湯煨。必買矮弱者才肥。

夫虐打，袁機結婚四年後離異，被其父接回南京隨圓居住，憂鬱染疾。袁枚痛感其逝，作〈祭妹文〉，中有「汝之疾也，予信醫言無害，遠吊揚州」之句，對於自己聽信醫生的話，在妹妹病重時仍遠遊揚州，從而未能見上她最後一面頗有悔意。

◆ 葛仙米 [112]

將米細檢淘淨，煮半爛，用雞湯、火腿湯煨。臨上時，要只見米，不見雞肉、火腿攙和才佳。此物陶方伯家製之最精。

◆ 羊肚菜

羊肚菜 [113] 出湖北。食法與葛仙米同。

◆ 石髮 [114]

製法與葛仙米同。夏日用麻油、醋、秋油拌之，亦佳。

◆ 珍珠菜

製法與蕨菜同。上江新安 [115] 所出。

◆ 素燒鵝

煮爛山藥，切寸為段，腐皮包，入油煎之，加秋油、酒、糖、瓜、薑，以色紅為度。

112　葛仙米：附生於陰濕環境中的一種似球狀念珠藻，藻體呈膠質球狀，相傳東晉醫藥學家、煉丹術家葛洪以此獻給皇上，體弱太子食後病除體壯，皇上為感謝葛洪之功，賜名「葛仙米」。

113　羊肚菜：又稱羊肚菌、羊肚菇，表面呈蜂窩狀，酷似羊肚。

114　石髮：即髮菜，一種黑色的陸生藻類植物，酷似頭髮。

115　上江新安：指錢塘江上游的新安江流域，包括安徽徽州及浙江西部。上江：（錢塘）江的上游。

◆ 韭

韭,葷物也。專取韭白,加蝦米炒之便佳。或用鮮蝦亦可,蜆亦可,肉亦可。

◆ 芹

芹,素物也,愈肥愈妙。取白根炒之,加筍,以熟為度。今人有以炒肉者,清濁不倫。不熟者,雖脆無味。或生拌野雞,又當別論。

◆ 豆芽

豆芽柔脆,余頗愛之。炒須熟爛,佐料之味才能融洽。可配燕窩,以柔配柔,以白配白故也。然以極賤而陪極貴,人多嗤之。不知惟巢、由[116]正可陪堯、舜耳。

◆ 茭白

茭白炒肉、炒雞俱可。切整段,醬、醋炙之,尤佳。煨肉亦佳。須切片,以寸為度。初出太細者無味。

---

116 巢、由:巢:巢父,堯以天下讓之,不受,隱居聊城,以放牧了此一生。由:許由,堯知其賢德,欲禪讓之,許由聞言,乃臨河洗耳,曰:「無垢,聞惡語耳。」後隱居山林。

◆ **青菜**

青菜擇嫩者，筍炒之。夏日芥末拌，加微醋，可以醒胃。加火腿片，可以作湯。亦須現拔者才軟。

◆ **薹菜**

炒薹菜心最懦[117]，剝去外皮，入蘑菇、新筍作湯。炒食加蝦肉，亦佳。

◆ **白菜**

白菜炒食，或筍煨亦可。火腿片煨、雞湯煨俱可。

◆ **黃芽菜**

此菜以北方來者為佳。或用醋摟，或加蝦米煨之，一熟便吃，遲則色、味俱變。

◆ **瓢兒菜**

炒瓢菜心[118]，以乾鮮無湯為貴。雪壓後更軟。王孟亭太守家製之最精。不加別物，宜用葷油。

117　懦：柔軟。此處指鮮嫩。
118　瓢兒菜：一種蔬菜，葉片近圓形，向外反捲，黑綠色。

◆ **菠菜**

菠菜肥嫩，加醬水、豆腐煮之。杭人名「金鑲白玉板」[119]是也。如此種菜雖瘦而肥，可不必再加筍尖、香蕈。

◆ **蘑菇**

蘑菇不止做湯，炒食亦佳。但口蘑[120]最易藏沙，更易受霉，須藏之得法，製之得宜。雞腿蘑[121]便易收拾，亦復討好。

◆ **松菌**

松菌加口蘑炒最佳。或單用秋油泡食，亦妙。唯不便久留耳，置各菜中，俱能助鮮，可入燕窩作底墊，以其嫩也。

◆ **麵筋二法**

一法：麵筋入油鍋炙枯，再用雞湯、蘑菇清煨。一法：不炙，用水泡，切條入濃雞汁炒之，加冬筍、天花。章淮樹觀察家製之最精。上盤時宜毛撕，不宜光切。加蝦米泡汁，甜醬炒之，甚佳。

119　金鑲白玉板：傳說乾隆下江南時，在一農婦家吃到這道菠菜豆腐，覺其不俗；君問菜名未有名，農婦隨口謅了一個「金鑲白玉板，紅嘴綠鸚哥」。前半句指豆腐兩面煎黃中間嫩白，後半句指菠菜根紅而葉綠。

120　口蘑：即白蘑菇。主要生長於內蒙古，透過河北張家口輸往全國各地，因張家口為其集散地，故名「口蘑」。

121　雞腿蘑：蘑菇的一種，學名毛頭鬼傘，因其形如雞腿、肉質似雞絲而得名，其面光滑，易清洗。

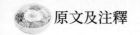

◆ **茄二法**

吳小谷廣文家，將整茄子削皮，滾水泡去苦汁，豬油炙之，炙時須待泡水乾後，用甜醬水乾煨，甚佳。盧八太爺家，切茄作小塊，不去皮，入油灼微黃，加秋油炮炒，亦佳。是二法者，俱學之而未盡其妙，惟蒸爛劃開，用麻油、米醋拌，則夏間亦頗可食。或煨乾作脯，置盤中。

◆ **莧羹**

莧須細摘嫩尖，乾炒，加蝦米或蝦仁，更佳。不可見湯。

◆ **芋羹**

芋性柔膩，入葷入素俱可。或切碎作鴨羹，或煨肉，或同豆腐加醬水煨。徐兆璜明府家，選小芋子，入嫩雞煨湯，妙極！惜其製法未傳。大抵只用佐料，不用水。

◆ **豆腐皮**

將腐皮泡軟，加秋油、醋、蝦米拌之，宜於夏日。蔣侍郎家入海參用，頗妙。加紫菜、蝦肉作湯，亦相宜。或用蘑菇、筍煨清湯，亦佳。以爛為度。蕪湖敬修和尚，將腐皮捲筒切段，油中微炙，入蘑菇煨爛，極佳。不可加雞湯。

◆ **扁豆**

取現採扁豆,用肉、湯炒之,去肉存豆。單炒者油重為佳。以肥軟為貴。毛糙而瘦薄者,瘠土所生,不可食。

◆ **瓠子、王瓜**

將鱓魚切片先炒,加瓠子[122],同醬汁煨。王瓜[123]亦然。

◆ **煨木耳、香蕈**

揚州定慧庵僧,能將木耳煨二分厚,香蕈煨三分厚。先取蘑菇熬汁為滷。

◆ **冬瓜**

冬瓜之用最多。拌燕窩、魚肉、鰻、鱔、火腿皆可。揚州定慧庵所製尤佳。紅如血珀,不用葷湯。

◆ **煨鮮菱**

煨鮮菱,以雞湯滾之。上時將湯撤去一半。池中現起者才鮮,浮水面者才嫩。加新栗、銀杏煨爛,尤佳。或用糖亦可。作點心亦可。

122　瓠(ㄏㄨˋ)子:又稱瓠瓜,為葫蘆的變種,與葫蘆不同的是,其瓜狀勻稱、呈圓柱形。

123　王瓜:葫蘆科,果實卵圓形,果子、種子、根塊可入藥。

◆ 豇豆

豇豆炒肉，臨上時去肉存豆。以極嫩者，抽去其筋。

◆ 煨三筍

將天目筍、冬筍、問政筍，煨入雞湯，號「三筍羹」。

◆ 芋煨白菜

芋煨極爛，入白菜心，烹之，加醬水調和，家常菜之最佳者。唯白菜須新摘肥嫩者，色青則老，摘久則枯。

◆ 香珠豆

毛豆至八九月間晚收者，最闊大而嫩，號「香珠豆」。煮熟以秋油、酒泡之。出殼可，帶殼亦可，香軟可愛。尋常之豆，不可食也。

◆ 馬蘭

馬蘭[124]頭菜，摘取嫩者，醋合筍拌食。油膩後食之，可以醒脾。

◆ 楊花菜

南京三月有楊花菜，柔脆與菠菜相似，名甚雅。

124　馬蘭：野菜名，亦稱馬蘭頭、馬藍頭、雞兒腸。多年生草本，披針狀橢圓形葉，邊緣有粗鋸齒。開藍紫色花，形似菊花。

◆ 問政筍絲

問政筍 [125]，即杭州筍也。徽州人送者，多是淡筍乾，只好泡爛切絲，用雞肉湯煨用。龔司馬取秋油煮筍，烘乾上桌，徽人食之，驚為異味。余笑其如夢之方醒也 [126]。

◆ 炒雞腿蘑菇

蕪湖大庵和尚，洗淨雞腿，蘑菇去沙，加秋油、酒炒熟，盛盤宴客，甚佳。

◆ 豬油煮蘿蔔

用熟豬油炒蘿蔔，加蝦米煨之，以極熟為度。臨起加蔥花，色如琥珀。

---

125 問政筍：以位於安徽省歙縣（清代屬徽州轄地）的問政山命名的筍。相傳即產於問政山，南宋時期由徽州商人帶至杭州，當時徽人在杭經商者眾，因思鄉味，家人多託人行船帶問政筍至，啟程後將筍片投入砂鍋中，以江水清燉，舟至杭州時，揭蓋飄香，使杭州無人不知問政筍之妙。袁枚顯然認為杭州所產者才是正宗的問政筍。

126 如夢之方醒也：指徽州人吃了龔司馬家的筍才知道，原來最美味的問政筍不在家鄉，而在杭州。

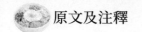

小菜單

　　小菜佐食，如府史胥徒佐六官也。醒脾解濁，全在於斯。作〈小菜單〉。

◆ 筍脯

筍脯出處最多，以家園所烘為第一。取鮮筍加鹽煮熟，上籃烘之。須晝夜環看，稍火不旺則溲[127]矣。用清醬者，色微黑。春筍、冬筍皆可為之。

◆ 天目筍

天目筍多在蘇州發賣。其簍中蓋面者最佳，下二寸便攙入老根硬節矣。須出重價，專買其蓋面者數十條，如集狐成腋之義。

◆ 玉蘭片

以冬筍烘片，微加蜜焉。蘇州孫春楊家有鹽、甜二種，以鹽者為佳。

◆ 素火腿

處州筍脯，號「素火腿」，即處片也。久之太硬，不如買毛筍自烘之為妙。

127　溲（ㄙㄡ）：飯菜變質發出的一種酸臭味。

◆ 宣城筍脯

宣城筍尖，色黑而肥，與天目筍大同小異，極佳。

◆ 人蔘筍

製細筍如人蔘形，微加蜜水。揚州人重之，故價頗貴。

◆ 筍油

筍十斤，蒸一日一夜，穿通其節，鋪板上，如作豆腐法，上加一板壓而榨之，使汁水流出，加炒鹽一兩，便是筍油。其筍晒乾仍可作脯。天台僧製以送人。

◆ 糟油

糟油出太倉州，愈陳愈佳。

◆ 蝦油

買蝦子數斤，同秋油入鍋熬之，起鍋用布瀝出秋油，乃將布包蝦子，同放罐中盛油。

◆ 喇虎醬

秦椒 [128] 搗爛，和甜醬蒸之，可用蝦米攪入。

128　秦椒：原產甘肅天水一帶的花椒。

◆ **燻魚子**

燻魚子色如琥珀，以油重為貴。出蘇州孫春楊家，愈新愈妙，陳則味變而油枯。

◆ **醃冬菜、黃芽菜**

醃冬菜、黃芽菜，淡則味鮮，鹹則味惡。然欲久放，則非鹽不可。嘗醃一大壇，三伏時開之，上半截雖臭、爛，而下半截香美異常，色白如玉。甚矣！相士之不可但觀皮毛也。

◆ **萵苣**

食萵苣有二法：新醬者，鬆脆可愛；或醃之為脯，切片食甚鮮。然必以淡為貴，鹹則味惡矣。

◆ **香乾菜**

春芥心風乾，取梗淡醃，晒乾，加酒、加糖、加秋油，拌後再加蒸之，風乾入瓶。

◆ **冬芥**

冬芥名雪裡紅。一法整醃，以淡為佳；一法取心風乾，斬碎，醃入瓶中，熟後雜魚羹中，極鮮。或用醋煨，入鍋中作辣菜[129]亦可，煮鰻、煮鯽魚最佳。

129　辣菜：將芥菜或芥頭燙煮，裝壇，封口，數天后即可食用。芥菜自帶辣味，如

◆ 春芥

取芥心風乾、斬碎，醃熟入瓶，號稱「挪菜」。

◆ 芥頭

芥根切片，入菜同醃，食之甚脆。或整醃，晒乾作脯，食之尤妙。

◆ 芝麻菜

醃芥晒乾，斬之碎極，蒸而食之，號「芝麻菜」。老人所宜。

◆ 腐干絲

將好腐干切絲極細，以蝦子、秋油拌之。

◆ 風癟菜

將冬菜取心風乾，醃後榨出滷，小瓶裝之，泥封其口，倒放灰上。夏食之，其色黃，其臭香。

◆ 糟菜

取醃過風癟菜，以菜葉包之，每一小包，鋪一面香糟，重疊放壇內。取食時，開包食之，糟不沾菜，而菜得糟味。

芥末的一種 —— 黃芥末就是用芥菜種子研製而成，故製作辣菜無須放辣椒。

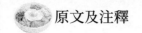原文及注釋

◆ **酸菜**

冬菜心風乾微醃，加糖、醋、芥末，帶滷[130]入罐中，微加秋油亦可。席間醉飽之餘，食之醒脾解酒。

◆ **薹菜心**

取春日薹菜心醃之，榨出其滷，裝小瓶之中，夏日食之。風乾其花，即名菜花頭，可以烹肉。

◆ **大頭菜**

大頭菜出南京承恩寺，愈陳愈佳。入葷菜中，最能發鮮。

◆ **蘿蔔**

蘿蔔取肥大者，醬一二日即吃，甜脆可愛。有侯尼能製為鮝，煎片如蝴蝶，長至丈許，連翩不斷，亦一奇也。承恩寺有賣者，用醋為之，以陳為妙。

◆ **乳腐**

乳腐，以蘇州溫將軍廟前者為佳，黑色而味鮮。有乾、濕二種，有蝦子腐亦鮮，微嫌腥耳。廣西白乳腐最佳。王庫官家製亦妙。

130　滷：即醃菜用的濃汁。這裡指糖、醋、芥末。

240

◆ 醬炒三果

核桃、杏仁去皮,榛子不必去皮。先用油炮脆,再下醬,不可太焦。醬之多少,亦須相物而行。

◆ 醬石花

將石花[131]洗淨入醬中,臨吃時再洗。一名麒麟菜。

◆ 石花糕

將石花熬爛作膏,仍用刀劃開,色如蜜蠟。

◆ 小松菌

將清醬同松菌入鍋滾熟,收起,加麻油入罐中。可食二日,久則味變。

◆ 吐蚨

吐蚨[132]出興化、泰興。有生成極嫩者,用酒釀浸之,加糖則自吐其油,名為泥螺,以無泥為佳。

131　石花:即石花菜,又名海凍菜,是紅藻的一種。口感爽利脆嫩,既可拌涼菜,又能製成涼粉。

132　吐蚨:即泥螺。殼口大,殼面有細密的環紋和縱紋,被黃褐色殼皮。軟體部不能完全縮入殼內。

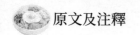

◆ **海蜇**

用嫩海蜇，甜酒浸之，頗有風味。其光者名為白皮，作絲，酒、醋同拌。

◆ **蝦子魚**

蝦子魚出蘇州。小魚生而有子。生時烹食之，較美於鮝。

◆ **醬薑**

生薑取嫩者微醃，先用粗醬套[133]之，再用細醬套之，凡三套而始成。古法用蟬退一個入醬，則薑久而不老。

◆ **醬瓜**

將瓜醃後，風乾入醬，如醬薑之法。不難其甜，而難其脆。杭州施魯箴家製之最佳。據云：醬後晒乾又醬，故皮薄而皺，上口脆。

◆ **新蠶豆**

新蠶豆之嫩者，以醃芥菜炒之，甚妙。隨采隨食方佳。

◆ **醃蛋**

醃蛋以高郵為佳，顏色紅而油多。高文端公最喜食之。

133　套：均勻地塗裹一層。

席間先夾取以敬客。放盤中，總宜切開帶殼，黃白兼用；
不可存黃去白，使味不全，油亦走散。

◆ 混套

將雞蛋外殼微敲一小洞，將清、黃倒出，去黃用清，加
濃雞滷煨就者拌入，用箸打良久，使之融化，仍裝入蛋
殼中，上用紙封好，飯鍋蒸熟，剝去外殼，仍渾然一雞
卵，此味極鮮。

◆ 茭瓜脯

茭瓜[134]入醬，取起風乾，切片成脯，與筍脯相似。

◆ 牛首腐干

豆腐干以牛首僧製者為佳。但山下賣此物者有七家，惟
曉堂和尚家所製方妙。

◆ 醬王瓜

王瓜初生時，擇細者醃之入醬，脆而鮮。

134　茭瓜：即西葫蘆，而非茭白。形狀有圓筒形、橢圓形和長圓柱形等多種。

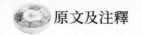

點心單

　　梁昭明以點心為小食，鄭傪嫂勸叔「且點心」，由來久矣。作〈點心單〉。

◆ 鰻麵

　　大鰻一條蒸爛，拆肉去骨，和入麵中，入雞湯清揉之，擀成麵皮，小刀劃成細條，入雞汁、火腿汁、蘑菇汁滾。

◆ 溫麵

　　將細麵下湯瀝乾，放碗中，用雞肉、香蕈濃滷，臨吃，各自取瓢加上。

◆ 鱔麵

　　熬鱔成滷，加麵再滾。此杭州法。

◆ 裙帶麵

　　以小刀截麵成條，微寬，則號「裙帶麵」。大概作麵，總以湯多為佳，在碗中望不見面為妙。寧使食畢再加，以便引人入勝。此法揚州盛行，恰甚有道理。

◆ 素麵

　　先一日將蘑菇蓬熬汁，定清；次日將筍熬汁，加麵滾上。此法揚州定慧庵僧人製之極精，不肯傳人。然其大概亦

可仿求。其純黑色的，或云暗用蝦汁、蘑菇原汁，只宜
澄去泥沙，不重換水；一換水，則原味薄矣。

◆ 蓑衣餅

乾麵用冷水調，不可多。揉擀薄後，捲攏再擀薄了，用
豬油、白糖鋪勻，再捲攏擀成薄餅，用豬油煤黃。如要
鹽的，用蔥椒鹽亦可。

◆ 蝦餅

生蝦肉，蔥、鹽、花椒、甜酒腳[135]少許，加水和麵，香
油灼透。

◆ 薄餅

山東孔藩臺家製薄餅，薄若蟬翼，大若茶盤，柔膩絕
倫。家人如其法為之，卒不能及，不知何故。秦人[136]製
小錫罐，裝餅三十張。每客一罐。餅小如柑。罐有蓋，
可以貯。餡用炒肉絲，其細如髮。蔥亦如之。豬、羊並
用，號曰「西餅」。

◆ 鬆餅

南京蓮花橋教門方店最精。

135　甜酒腳：液體中的沉澱物，俗稱「腳」。
136　秦人：陝甘地區的居民。

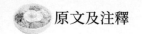

◆ 麵老鼠

以熱水和麵，俟雞汁滾時，以箸夾入，不分大小，加活菜心，別有風味。

◆ 顛不棱（即肉餃也）

糊麵攤開，裹肉為餡蒸之。其討好處，全在作餡得法，不過肉嫩、去筋、佐料而已。余到廣東，吃官鎮臺顛不棱，甚佳。中用肉皮煨膏為餡，故覺軟美。

◆ 肉餛飩

作餛飩，與餃同。

◆ 韭合

韭菜切末拌肉，加佐料，麵皮包之，入油灼之。麵內加酥更妙。

◆ 糖餅（又名麵衣）

糖水溲 [137] 麵，起油鍋令熱，用箸夾入；其作成餅形者，號「軟鍋餅」。杭州法也。

137　溲：浸，泡。

◆ **燒餅**

用松子、胡桃仁敲碎，加糖屑、脂油，和麵炙之，以兩面煤黃為度，而加芝麻。扣兒[138] 會做，麵羅至四五次，則白如雪矣。須用兩面鍋，上下放火，得奶酥更佳。

◆ **千層饅頭**

楊參戎家製饅頭，其白如雪，揭之如有千層。金陵人不能也。其法揚州得半，常州、無錫亦得其半。

◆ **麵茶**

熬粗茶汁，炒麵兌入，加芝麻醬亦可，加牛乳亦可，微加一撮鹽。無乳則加奶酥、奶皮亦可。

◆ **杏酪**

捶杏仁作漿，挍去渣，拌米粉，加糖熬之。

◆ **粉衣**

如作麵衣之法。加糖、加鹽俱可，取其便也。

◆ **竹葉粽**

取竹葉裹白糯米煮之。尖小，如初生菱角。

138　扣兒：人名。

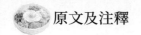

◆ **蘿蔔湯圓**

蘿蔔刨絲滾熟，去臭氣，微乾，加蔥、醬拌之，放粉團中作餡，再用麻油灼之。湯滾亦可。春圃方伯家製蘿蔔餅，扣兒學會。可照此法作韭菜餅、野雞餅試之。

◆ **水粉湯圓**

用水粉和作湯圓，滑膩異常，中用松仁、核桃、豬油、糖作餡，或嫩肉去筋絲捶爛，加蔥末、秋油作餡亦可。作水粉法，以糯米浸水中一日夜，帶水磨之，用布盛接，布下加灰，以去其渣，取細粉晒乾用。

◆ **脂油糕**

用純糯粉拌脂油，放盤中蒸熟，加冰糖捶碎入粉中，蒸好用刀切開。

◆ **雪花糕**

蒸糯飯搗爛，用芝麻屑加糖為餡，打成一餅，再切方塊。

◆ **軟香糕**

軟香糕，以蘇州都林橋為第一。其次虎丘糕，西施家為第二。南京南門外報恩寺則第三矣。

◆ 百果糕

杭州北關外賣者最佳。以粉糯，多松仁、胡桃，而不放橙丁者為妙。其甜處非蜜非糖，可暫可久。家中不能得其法。

◆ 栗糕

煮栗極爛，以純糯粉加糖為糕蒸之，上加瓜仁、松子。此重陽小食也。

◆ 青糕、青團

搗青草為汁，和粉作粉團，色如碧玉。

◆ 合歡餅

蒸糕為飯，以木印印之，如小珙璧[139]狀，入鐵架熯之，微用油，方不黏架。

◆ 雞豆糕

研碎雞豆[140]，用微粉為糕，放盤中蒸之。臨食用小刀片開。

139　珙（《ㄨㄥˇ）璧：圓形玉璧。
140　雞豆：即鷹嘴豆，有板栗香味。

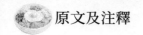

◆ **雞豆粥**

磨碎雞豆為粥，鮮者最佳，陳者亦可。加山藥、茯苓尤妙。

◆ **金團**

杭州金團，鑿木為桃、杏、元寶之狀，和粉搦 [141] 成，入
木印中便成。其餡不拘葷素。

◆ **藕粉、百合粉**

藕粉非自磨者，信之不真。百合粉亦然。

◆ **麻團**

蒸糯米搗爛為團，用芝麻屑拌糖作餡。

◆ **芋粉團**

磨芋粉晒乾，和米粉用之。朝天宮道士製芋粉團，野雞
餡，極佳。

◆ **熟藕**

藕須貫米加糖自煮，並湯極佳。外賣者多用灰水，味
變，不可食也。余性愛食嫩藕，雖軟熟而以齒決，故味
在也。如老藕一煮成泥，便無味矣。

141　搦（ㄋㄨㄛˋ）：按壓，揉。

◆ **新栗、新菱**

新出之栗，爛煮之，有松子仁香。廚人不肯煨爛，故金陵人有終身不知其味者。新菱亦然。金陵人待其老方食故也。

◆ **蓮子**

建蓮[142]雖貴，不如湖蓮[143]之易煮也。大概小熟，抽心去皮，後下湯，用文火煨之，悶住合蓋，不可開視，不可停火。如此兩炷香，則蓮子熟時，不生骨矣。

◆ **芋**

十月天晴時，取芋子、芋頭，晒之極乾，放草中，勿使凍傷。春間煮食，有自然之甘。俗人不知。

◆ **蕭美人點心**

儀真南門外，蕭美人善製點心，凡饅頭、糕、餃之類，小巧可愛，潔白如雪。

142　建蓮：福建建寧縣產的蓮子，歷史上曾被譽為「蓮中極品」，自古屬朝廷貢蓮。

143　湖蓮：一種普通蓮子。

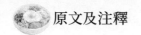 原文及注釋

◆ 劉方伯月餅

用山東飛麵[144]，作酥為皮，中用松仁、核桃仁、瓜子仁為細末，微加冰糖和豬油作餡。食之不覺甚甜，而香鬆柔膩，迥異尋常。

◆ 陶方伯十景點心

每至年節，陶方伯夫人手製點心十種，皆山東飛麵所為。奇形詭狀，五色紛披。食之皆甘，令人應接不暇。薩制軍云：「吃孔方伯薄餅，而天下之薄餅可廢；吃陶方伯十景點心，而天下之點心可廢。」自陶方伯亡，而此點心亦成〈廣陵散〉[145] 矣。嗚呼！

◆ 楊中丞西洋餅

用雞蛋清和飛麵作稠水，放碗中。打銅夾剪一把，頭上作餅形，如蝶大，上下兩面，銅合縫處不到一分。生烈火烘銅夾，撩稠水，一糊一夾一熯，頃刻成餅。白如雪，明如綿紙，微加冰糖、松仁屑子。

144　飛麵：即精製麵粉。
145　〈廣陵散〉：歷史上著名十大古琴曲之一。三國時期魏國名士、「竹林七賢」之一嵇康善撫此曲，並不授人。後遭人搆陷處死，臨刑前索琴彈之，喟曰：「〈廣陵散〉於今絕矣！」

◆ 白雲片

南殊鍋巴，薄如綿紙，以油炙之，微加白糖，上口極脆。金陵人製之最精，號「白雲片」。

◆ 風枵

以白粉浸透，製小片入豬油灼之，起鍋時加糖糝之，色白如霜，上口而化。杭人號日「風枵[146]」。

◆ 三層玉帶糕

以純糯粉作糕，分作三層：一層粉，一層豬油、白糖，夾好蒸之，蒸熟切開。蘇州人法也。

◆ 運司糕

盧雅雨作運司，年已老矣。揚州店中作糕獻之，大加稱賞。從此遂有「運司糕」之名。色白如雪，點胭脂，紅如桃花。微糖作餡，淡而彌旨。以運司衙門前店作為佳。他店粉粗色劣。

146　風枵（ㄒㄧㄠ）：形容其薄而輕，風吹可動。枵：空虛，又指布匹稀而薄。風枵是杭州的一道傳統名小吃，如今一些老杭州菜館裡仍有製作。而在江浙某些地區的鄉俗裡，風枵又作為待客宴賓的「三道茶」（燻豆茶、風枵茶、清茶）之一而深入人心，然而其做法與吃法都似乎跟袁枚描述的風枵迥異，倒有點像是前一節所載「白雲片」的做法：用糯飯製成極薄的乾鍋巴片，然後泡水喝，所以又叫「飯糍乾」。

◆ 沙糕

糯粉蒸糕，中夾芝麻、糖屑。

◆ 小饅頭、小餛飩

作饅頭如胡桃大，就蒸籠食之。每箸可夾一雙。揚州物
也。揚州發酵最佳。手捺之不盈半寸，放鬆仍隆然而
高。小餛飩小如龍眼，用雞湯下之。

◆ 雪蒸糕法

每磨細粉，用糯米二分，粳米八分為則。一拌粉，將粉
置盤中，用涼水細細灑之，以捏則如團、撒則如砂為
度。將粗麻篩篩出，其剩下塊搓碎，仍於篩上盡出之，
前後和勻，使乾濕不偏枯，以巾覆之，勿令風乾日燥，
聽用。（水中酌加上洋糖則更有味，拌粉與市中枕兒糕
法同。）一錫圈及錫錢[147]，俱宜洗剔極淨，臨時略將香油
和水，布蘸拭之。每一蒸後，必一洗一拭。一錫圈內，
將錫錢置妥，先鬆裝粉一小半，將果餡輕置當中，後將
粉鬆裝滿圈，輕輕擋[148]平，套湯瓶[149]上蓋之，視蓋口氣

147　錫圈、錫錢：即錫製的模具，錫圈用作定形容器，錫錢的作用是在糕面上印
　　　花。

148　擋：捶打。

149　湯瓶：又叫「大食瓶」或「執壺」，高瘦而腹突，嘴彎長，單執把。回民中用
　　　得比較多。

直衝為度。取出覆之，先去圈，後去錢，飾以胭脂，兩
圈更遞為用。一湯瓶宜洗淨，置湯分寸以及肩為度。然
多滾則湯易涸，宜留心看視，備熱水頻添。

◆ 作酥餅法

冷定脂油一碗，開水一碗，先將油同水攪勻，入生麵，
盡揉要軟，如擀餅一樣，外用蒸熟麵入脂油，合作一
處，不要硬了。然後將生麵做糰子，如核桃大，將熟麵
亦作糰子，略小一量，再將熟麵糰子包在生麵糰子中，
擀成長餅，長可八寸，寬二三寸許，然後折疊如碗樣，
包上穰[150] 子。

◆ 天然餅

涇陽張荷塘明府家製天然餅，用上白飛麵，加微糖及脂
油為酥，隨意搦成餅樣，如碗大，不拘方圓，厚二分
許。用潔淨小鵝子石，襯而燉之，隨其自為凹凸，色半
黃便起，鬆美異常。或用鹽亦可。

◆ 花邊月餅

明府家製花邊月餅，不在山東劉方伯之下。余常以轎迎
其女廚來園製造，看用飛麵拌生豬油千團百搦，才用棗

150　穰（ㄖㄤˊ）：同「瓤」。指瓜果的肉。

肉嵌入為餡，裁如碗大，以手搦其四邊菱花樣。用火盆兩個，上下覆而炙之。棗不去皮，取其鮮也；油不先熬，取其生也。含之上口而化，甘而不膩，鬆而不滯，其工夫全在搦中，愈多愈妙。

◆ 製饅頭法

偶食新明府饅頭，白細如雪，面有銀光，以為是北麵之故。龍云不然。麵不分南北，只要羅得極細。羅篩至五次，則自然白細，不必北麵也。惟做酵最難。請其庖人來教，學之卒不能鬆散。

◆ 揚州洪府粽子

洪府製粽，取頂高[151]糯米，撿其完善長白者，去其半顆散碎者，淘之極熟，用大箬[152]葉裹之，中放好火腿一大塊，封鍋悶煨一日一夜，柴薪不斷。食之滑膩溫柔，肉與米化。或云：即用火腿肥者斬碎，散置米中。

151　頂高：最好的。
152　箬（ㄖㄨㄛˋ）：一種竹子，葉大而寬，可編竹笠，又可用來包粽子。

飯粥單

粥飯本也，余菜末也。本立而道生。作〈飯粥單〉。

◆ 飯

王莽云：「鹽者，百肴之將。」余則曰：「飯者，百味之本。」《詩》稱：「釋之溲溲，蒸之浮浮。」[153] 是古人亦吃蒸飯。然終嫌米汁不在飯中。善煮飯者，雖煮如蒸，依舊顆粒分明，入口軟糯。其訣有四：一要米好，或「香稻」，或「冬霜」，或「晚米」，或「觀音籼」，或「桃花籼」，春之極熟，霉天風攤播之，不使惹霉發疹。一要善淘，淘米時不惜工夫，用手揉擦，使水從籮中淋出，竟成清水，無復米色。一要用火先武後文，悶起得宜。一要相米放水，不多不少，燥濕得宜。往往見富貴人家，講菜不講飯，逐末忘本，真為可笑。余不喜湯澆飯，惡失飯之本味故也。湯果佳，寧一口吃湯，一口吃飯，分前後食之，方兩全其美。不得已，則用茶、用開水淘[154]之，猶不奪飯之正味。飯之甘，在百味之上；知味者，遇好飯不必用菜。

153　釋之溲溲，蒸之浮浮：見《詩經·大雅·生民》，原文為「釋之叟叟，烝之浮浮。釋：淘米。叟叟：古通「溲溲」，淘米的聲音。烝：古同「蒸」。浮浮：熱氣上升貌。

154　淘：以液汁拌和食品。《警世通言·宋小官團圓破氈笠》：「宋金戴了破氈笠，吃了茶淘冷飯。」

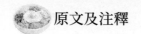原文及注釋

◆ 粥

見水不見米，非粥也；見米不見水，非粥也。必使水米融洽，柔膩如一，而後謂之粥。尹文端公曰：「寧人等粥，毋粥等人。」此真名言，防停頓而味變湯乾故也。近有為鴨粥者，入以葷腥；為八寶粥者，入以果品，俱失粥之正味。不得已，則夏用綠豆，冬用黍米，以五穀入五穀，尚屬不妨。余嘗食於某觀察家，諸菜尚可，而飯粥粗糲[155]，勉強嚥下，歸而大病。嘗戲語人曰：此是五臟神[156]暴落難，是故自禁受不得。

155　粗糲：原指糙米，引申為糧食粗糙。
156　五臟神：道家認為人的五臟均有神居住。

茶酒單

七碗生風，一杯忘世，非飲用六清不可。作〈茶酒單〉。

◆ 茶

欲治好茶，先藏好水。水求中泠、惠泉[157]。人家中何能置驛而辦？然天泉水、雪水，力能藏之。水新則味辣，陳則味甘。嘗盡天下之茶，以武夷山頂所生、沖開白色者為第一。然入貢尚不能多，況民間乎？其次，莫如龍井。清明前者，號「蓮心」，太覺味淡，以多用為妙；雨前[158]最好，一旗一槍[159]，綠如碧玉。收法須用小紙包，每包四兩，放石灰壇中，過十日則換石灰，上用紙蓋紮住，否則氣出而色味全變矣。烹時用武火，用穿心罐，一滾便泡，滾久則水味變矣。停滾再泡，則葉浮矣。一泡便飲，用蓋掩之，則味又變矣。此中消息，間不容髮也。山西裴中丞嘗謂人曰：「余昨日過隨園，才吃一杯好茶。」嗚呼！公山西人也，能為此言。而我見士大夫生長杭州，一入宦場便吃熬茶，其苦如藥，其色如血。此不過腸肥腦滿之人吃檳榔法也。俗矣！除吾鄉龍井外，余

157　中泠、惠泉：均為泉名。中泠位於江蘇鎮江，古有「天下第一泉」之稱，今已不存。惠泉，即惠山泉，位於江蘇無錫，相傳唐代陸羽等茶人將其列為「天下第二泉」。

158　雨前：正如明前茶為清明節前採摘的茶葉，雨前則是穀雨前採摘的茶葉。

159　一旗一槍：指幼嫩的茶葉。芽尖細如槍，葉開展如旗，故名。

原文及注釋

以為可飲者,臚列¹⁶⁰於後。

◆ **武夷茶**

余向不喜武夷茶,嫌其濃苦如飲藥。然丙午秋,余遊武夷到曼亭峰、天遊寺諸處。僧道爭以茶獻。杯小如胡桃,壺小如香櫞¹⁶¹,每斟無一兩。上口不忍遽咽,先嗅其香,再試其味,徐徐咀嚼而體貼之。果然清芬撲鼻,舌有餘甘,一杯之後,再試一二杯,令人釋躁平矜,怡情悅性。始覺龍井雖清而味薄矣,陽羨雖佳而韻遜矣。頗有玉與水晶,品格不同之故。故武夷享天下盛名,真乃不忝¹⁶²。且可以瀹¹⁶³至三次,而其味猶未盡。

杭州山茶,處處皆清,不過以龍井為最耳。每還鄉上塚,見管墳人家送一杯茶,水清茶綠,富貴人所不能吃者也。

◆ **常州陽羨茶**

陽羨茶,深碧色,形如雀舌,又如巨米。味較龍井略濃。

---

160 臚(ㄌㄨˊ)列:羅列;列舉。
161 香櫞:又名枸櫞或枸櫞子,果橢圓形,果皮淡黃。其變種為佛手。
162 忝(ㄊㄧㄢˇ):辱,有愧於,常用作謙辭。
163 瀹(ㄩㄝˋ):煮。

260

◆ **洞庭君山茶**

洞庭君山出茶，色味與龍井相同。葉微寬而綠過之。採掇最少。方毓川撫軍曾惠兩瓶，果然佳絕。後有送者，俱非真君山物矣。此外如六安、銀針、毛尖、梅片、安化，概行黜落 [164]。

◆ **酒**

余性不近酒，故律酒過嚴，轉能深知酒味。今海內動行 [165] 紹興，然滄酒之清，潯酒之洌，川酒之鮮，豈在紹興下哉！大概酒似耆老宿儒，越陳越貴，以初開壇者為佳，諺所謂「酒頭茶腳」是也。燉法不及則涼，太過則老，近火則味變。須隔水燉，而謹塞其出氣處才佳。取可飲者，開列於後。

◆ **金壇于酒**

于文襄公家所造，有甜、澀二種，以澀者為佳。一清徹骨，色若松花。其味略似紹興，而清洌過之。

164　黜落：舊指科場除名落第，落榜。喻此五種茶不入袁枚法眼，未被錄入茶單。
165　動行：施行，流行。

◆ **德州盧酒**

盧雅雨轉運家所造，色如於酒，而味略厚。

◆ **四川郫筒酒**

郫[166]筒酒，清洌徹底，飲之如梨汁蔗漿，不知其為酒也。但從四川萬里而來，鮮有不味變者。余七飲郫筒，惟楊笠湖刺史木簎[167]上所帶為佳。

◆ **紹興酒**

紹興酒，如清官廉吏，不摻一毫假，而其味方真。又如名士耆英[168]長留人間，閱盡世故，而其質愈厚。故紹興酒，不過五年者不可飲，參水者亦不能過五年。余常稱紹興為名士，燒酒為光棍。

◆ **湖州南潯酒**

湖州南潯酒，味似紹興，而清辣過之。亦以過三年者為佳。

166　郫：縣名，在今四川省。
167　木簎（ㄆㄞˊ）：同「箄」，筏子。
168　耆（ㄑㄧˊ）英：高年碩德者。

◆ 常州蘭陵酒

唐詩有「蘭陵美酒鬱金香，玉碗盛來琥珀光」[169] 之句。余過常州，相國劉文定公飲以八年陳酒，果有琥珀之光。然味太濃厚，不復有清遠之意矣。宜興有蜀山酒，亦復相似。至於無錫酒，用天下第二泉[170] 所作，本是佳品，而被市井人苟且為之，遂至澆淳散樸[171]，殊可惜也。據云有佳者，恰未曾飲過。

◆ 溧陽烏飯酒

余素不飲。丙戌年，在溧水葉比部家，飲烏飯酒至十六杯，傍人大駭，來相勸止。而余猶頹然，未忍釋手。其色黑，其味甘鮮，口不能言其妙。據云溧水風俗：生一女，必造酒一罈，以青精飯為之。俟嫁此女，才飲此酒。以故極早亦須十五六年。打甕時只剩半壇，質能膠口，香聞室外。

169　蘭陵美酒鬱金香，玉碗盛來琥珀光：李白《客中行》：「蘭陵美酒鬱金香，玉碗盛來琥珀光。但使主人能醉客，不知何處是他鄉。」由於東晉的僑置制度，歷史出現了兩個蘭陵，「北蘭陵」是山東蘭陵縣，設於春秋時期，「南蘭陵」為江蘇常州，東晉時蘭陵縣的士大夫喬遷至此，仍用原籍地名，但自隋朝以降，常州不再稱蘭陵。一般認為，李白詩中的蘭陵是指「南蘭陵」常州，而袁枚在此篇中描寫的，親眼見過常州的蘭陵酒中泛有「琥珀光」的經歷，自然也為這種觀點提供了佐證。

170　天下第二泉：即惠山泉。見本單中〈茶〉篇。

171　澆淳散樸：使淳樸的社會風氣變得浮薄。《文子・上禮》：「施及周室，澆醇散樸，離道以為偽，險德以為行。」

◆ 蘇州陳三白酒

乾隆三十年，余飲於蘇州周慕庵家。酒味鮮美，上口黏唇，在杯滿而不溢。飲至十四杯，而不知是何酒，問之，主人曰：「陳十餘年之三白酒也。」因余愛之，次日再送一壇來，則全然不是矣。甚矣！世間尤物之難多得也。按鄭康成《周官》注「盎齊」云：「盎者翁翁然，如今酇白。」[172] 疑即此酒。

◆ 金華酒

金華酒，有紹興之清，無其澀；有女貞之甜，無其俗。亦以陳者為佳。蓋金華一路水清之故也。

◆ 山西汾酒

既吃燒酒，以狠為佳。汾酒乃燒酒之至狠者。余謂燒酒者，人中之光棍，縣中之酷吏也。打擂臺，非光棍不可；除盜賊，非酷吏不可；驅風寒、消積滯，非燒酒不可。汾酒之下，山東膏粱燒次之，能藏至十年，則酒色變綠，上口轉甜，亦猶光棍做久，便無火氣，殊可交也。嘗見童二樹家泡燒酒十斤，用枸杞四兩、蒼朮二兩、巴

172　盎者翁翁然，如今酇（ㄗㄢˋ）白：《周禮‧天官‧酒正》：「辨五齊之名，一曰泛齊，二曰醴齊，三曰盎齊，四曰緹齊，五曰沉齊。」東漢儒者鄭玄（字康成）注本中，注「盎者翁翁然，如今酇白」。「盎」，蔥白色的濁酒，就是現在的酇白（酒名）。翁翁然：形容酒色蔥白狀。

戟天一兩，布扎一月，開甕甚香。如吃豬頭、羊尾、「跳神肉」之類，非燒酒不可。亦各有所宜也。

此外如蘇州之女貞、福貞、元燥，宣州之豆酒，通州之棗兒紅，俱不入流品；至不堪者，揚州之木瓜也，上口便俗。

電子書購買

國家圖書館出版品預行編目資料

隨園食單：20 項烹飪須知 ×14 條飲食戒單，
從海鮮到茶酒，暢談南北傳統佳餚 / （清）袁
枚 著 . 彭劍斌 譯注 . — 第一版 . — 臺北市：
崧燁文化事業有限公司 , 2023.08
面；　公分
POD 版
ISBN 978-626-357-538-7(平裝)
1.CST: 食譜 2.CST: 烹飪 3.CST: 中國
427.11　　112011417

隨園食單：20 項烹飪須知 ×14 條飲食戒單，從海鮮到茶酒，暢談南北傳統佳餚

臉書

作　　　者：（清）袁枚
譯　　　注：彭劍斌
發 行 人：黃振庭
出 版 者：崧燁文化事業有限公司
發 行 者：崧燁文化事業有限公司
E - m a i l：sonbookservice@gmail.com
粉 絲 頁：https://www.facebook.com/sonbookss/
網　　　址：https://sonbook.net/
地　　　址：台北市中正區重慶南路一段六十一號八樓 815 室
Rm. 815, 8F., No.61, Sec. 1, Chongqing S. Rd., Zhongzheng Dist., Taipei City 100, Taiwan
電　　　話：(02) 2370-3310　　傳　　真：(02) 2388-1990
印　　　刷：京峯數位服務有限公司
律師顧問：廣華律師事務所 張珮琦律師

定　　　價：350 元
發 行 日 期：2023 年 08 月第一版
◎本書以 POD 印製
Design Assets from Freepik.com